麦肯锡
情绪管理
课

学会正向思考,
告别职场焦虑

[日] 高杉尚孝 著
杨建兴 译

中信出版集团 | 北京

图书在版编目（CIP）数据

麦肯锡情绪管理课：学会正向思考，告别职场焦虑 /
（日）高杉尚孝著；杨建兴译. -- 北京：中信出版社，
2019.11

ISBN 978-7-5217-1041-0

Ⅰ. ①麦… Ⅱ. ①日… ②杨… Ⅲ. ①情绪-自我控
制-通俗读物 Ⅳ. ① B842.6-49

中国版本图书馆CIP数据核字（2019）第 205548 号

JISSEN · PRESSURE KANRI NO THEORY by Hisataka Takasugi
Copyright © Hisataka Takasugi 2004
All rights reserved.
Original Japanese edition published by NHK Publishing, Inc.
This Simplified Chinese language edition published by arrangement with
NHK Publishing, Inc., Tokyo in care of Tuttle-Mori Agency, Inc., Tokyo
Simplified Chinese translation copyright © 2019 by CITIC Press Corporation

本书仅限中国大陆地区发行销售

麦肯锡情绪管理课——学会正向思考，告别职场焦虑

著　　者：[日]高杉尚孝
译　　者：杨建兴
出版发行：中信出版集团股份有限公司
　　　　　（北京市朝阳区惠新东街甲 4 号富盛大厦 2 座　邮编　100029）
承　印　者：北京楠萍印刷有限公司

开　　本：787mm×1092mm　1/32　　印　张：7.5　　字　数：121 千字
版　　次：2019 年 11 月第 1 版　　　　印　次：2019 年 11 月第 1 次印刷
京权图字：01-2014-6938　　　　　　　广告经营许可证：京朝工商广字第 8087 号
书　　号：ISBN 978-7-5217-1041-0
定　　价：42.00 元

版权所有·侵权必究
如有印刷、装订问题，本公司负责调换。
服务热线：400-600-8099
投稿邮箱：author@citicpub.com

目录

前言｜为何要增强心理韧性？　V

总　论　心理韧性的本质

何谓"向压力屈服"？　004
何谓"战胜心理压力"？　006
好的负面情绪与坏的负面情绪　008
状况与情绪的诱发　009
ABC理论：情绪的诱发装置　012
错误的行动C伴随错误的思维方式B　015
正确的行动C伴随正确的思维方式B　017
强化心理韧性的本质　019
强化心理韧性的4个步骤　020

专栏｜心身耗竭综合征的预防　022

麦肯锡 情绪管理课

理论篇　用于强化心理韧性的4个基本步骤

步骤 1　定位错误的思维方式　027

错误思维方式之一：将要求绝对化的"必须"型思维方式　027
错误思维方式之二：否定价值与志向本身的"无所谓"型思维方式　034
由绝对要求派生的3种错误思维方式　037
错误的思维方式容易诱发坏的负面情绪　042
坏的负面情绪进一步诱发错误的行动　044

步骤 2　驳斥错误的思维方式　046

方法一：驳斥错误的思维方式缺乏论据，不合逻辑　047
方法二：驳斥错误的思维方式凭经验无法证实　052
方法三：驳斥错误的思维方式不实用　054
方法四：驳斥任何一种错误的思维方式都是绝对的确信　056
关于驳斥的例子　058

步骤 3　发现正确的思维方式　061

构建凡事不绝对的"最好"型思维方式　061
首先肯定重要价值　062
进一步否定绝对要求　063
认识到坏的结果可能发生　065
现实地评价坏的结果　066
相对愿望是契合时代的高效思维方式　069

专栏 | 正确的思维方式与干劲的关系 071

步骤 4　选择好的负面情绪，采取正面行动 074
培养正确的思维方式，建立正面行动的习惯 074
正确的思维方式、情绪、行动的连锁反应 075

专栏 | 成果主义的陷阱 079

实践篇　通过案例分析强化心理韧性

案例学习 1　跨越愤怒 085
案例 1-1　被上司当众斥责 085
案例 1-2　优秀部下提出辞职 102

案例学习 2　消除罪恶感 121
案例 2-1　无法满足增产要求 121
案例 2-2　爽约 138

案例学习 3　克服不安 154
案例 3-1　拒绝不擅长的演示 154
案例 3-2　业绩未达标 170

案例学习 ❹　　避免情绪低落　186

案例 4-1　错过晋升机会　186
案例 4-2　创业失败　202

专栏｜企业的视点　220

后记　225

前言

为何要增强心理韧性？

心理韧性是发挥实力的必要条件

职场人士现在最需要的业务技能就是"心理韧性"（mental toughness，MT），也就是在"压力条件"下提升抗打击能力，有胜任业务所需的管理思维和良好情绪。

伴随着日本经济持续不景气，许多企业都受到来自国内外竞争压力的冲击。在企业工作的人们不分年龄、性别，都身不由己地笼罩在裁员与"成果主义"等工作压力下。从前一直被看作日本企业特色的"论资排辈""终身雇用制"等制度正在逐渐成为过去。公司期待员工在巨大的压力下，能够在短时间内拿出立竿见影的成果。

但是，一个人就算拥有工作中所需的重要知识与技能，一旦被不断加大的心理压力击垮，就无法发挥出全部实力，进而无法拿出成果。因此可以说，提高面对压力时的"韧性"，是发挥实力的必要条件。

学习新技能同样需要心理韧性

随着经营和劳动环境的变化，职场人士同样需要学习和掌握新的胜任力（competency）——完成任务所需的知识与行动特质。

例如：

- 身经百战的营业人员被要求学习会计与财务知识。
- 一直从事研究领域工作的员工忽然有一天被指派去做市场营销工作。
- 迄今为止一直习惯于命令型管理的上司被要求向指导提问型/倾听型管理转变。
- 长期以来凭直觉思维开展业务的员工，忽然被要求在工作中运用逻辑思维。

上述每种情况，都可能成为压力。如果此时大动肝火或情绪低落，那么新技能的学习就无从谈起。笔者认为，为了发挥自己的实力，同时为了掌握发挥实力所需的技能，首先就要增强战胜压力的精神免疫力——心理韧性。

心理韧性是可以学习和掌握的技能

或许很多人都有这样一个疑问："顽强的抗打击能力、坚韧不拔等个人心理素质，真的可以通过学习加以提高吗？""吉田意志坚强，相比之下，铃木就受不了打击"——在职场，这样的说法司空见惯。毋庸讳言，虽然存在这种个体差异，但笔者认为，只要接受基于正确理论的指导，通过实践培养应用能力，那么心理韧性也必定能得到提高。

回想一下，如今已是能力开发培训代表性项目的"逻辑思维能力"和"演示能力"等，从前一直被认为是先天禀赋、个人悟性的问题。可如今这些能力已经为人们所接受，被看作只要知道其理论，任何人都能学习掌握并可以提高的技能。

同样，本书所介绍的"高杉派心理韧性理论"基本上是一种"思维方式的技术"。因此可以认为，这是一项通过系统化的理论学习与反复实战，就能够获得充分提高的技能。

本书是关于情绪管理技术的指南，并非单纯解说压力管理的书，当然也不是那种告诉人们要积极面对任何事情的"鸡汤书"。就概念而言，本书是一本涵盖了有利于提高效率的理论和具体知识与经验的教科书，笔者追求的是阐释基于学术研究和个人经验的"用得上的理论"。

本书在学术上广泛参考了目前在心理咨询一线最受瞩目的认知行为心理学与理性情绪行为心理学，以及普通语义学和东方哲学等。此外，笔者在美国的留学经历，以及在日本和美国从事经营咨询与投行业务、企业危机管理顾问、经营个人事务所等时积累的如何在高压下工作的经验也构成了本书的基础。

同时，笔者与迄今为止参加过高杉事务所"心理韧性强化培训"的众多学员互动的内容也在本书中有很大程度的体现。另外，虽然在此不具体涉及，但本书另一个很重要的素材来源就是笔者现在正在从事的四个孩子的养育工作。作为提升心理韧性的实践场所，每天我都从中备受启发。

本书由总论、理论篇与实践篇构成。

理论篇将通俗易懂地讲解心理压力产生的过程和克服压力所需的知识与经验。

实践篇将采取虚构的对话形式呈现真实职场可能出现的具体案例,以加深大家对理论篇的理解。笔者在对话中将以导师角色出现,负责为在压力面前或气馁或大动肝火或情绪低落者提供指导。

笔者下了一番功夫,将本书分为理论篇与实践篇,以使本书内容既合乎逻辑,又富于实践性。不擅长理论的读者也可以先看总论和实践篇,看完以后再反过来看理论篇,相信理解会更为深刻。

此外,笔者曾于2001年10月至2002年3月,在NHK(日本广播协会)电视台主讲英语节目《电视英语商务世界》,本书即以该节目的主题为基础。相信本书不仅对活跃在真实职场一线的人有所帮助,也会对那些希望通过增强心理韧性,把每天过得更充实的朋友有所裨益。

高杉尚孝

总 论
心理韧性的本质

总 论 心理韧性的本质

"无论商务还是体育,持续的高水平行为是训练,特别是思维训练的结果。"

——詹姆斯·罗尔(James Loehr)

顶级运动员、心理培训师

一旦有巨大压力袭来,每个人都会感到不安和愤怒,或是情绪低落,或是受到罪恶感等情绪的困扰。在这种情绪的作用下,人有时会在压力面前气馁,有时会放弃,有时甚至会被逼到无法振作的地步。

原因究竟出在哪里?"面对困境的时候,这不是很自然的反应吗?"——大多数人可能会这样认为。然而事实果真如此吗?

在此,我将解释压力的本质与由此产生的情绪与行动是什么,在此基础上解释如何缓解与规避压力。

何谓"向压力屈服"？

泷口今年38岁，在一家大型综合电器制造企业的信息机器事业部任课长职务，负责软件开发。他从前的工作业绩与平时对工作的热情受到肯定，半年前被擢升为事业部备受期待的新型主打产品开发项目负责人。据说事业部部长也鼓励他："你肯定能干出一番成绩。好好干，别辜负大家的期待！"

该项目组为混合小组，成员由选自营业、设计、技术等部门的7人构成。意见上的对立、技术上的难度、时间上的限制，项目推进可谓困难重重。不过泷口十分努力，一直提醒自己"无论如何必须完成上司交办的任务，不允许失败"。

可是，随着时间推移，他开始感到不安，"能在规定限期之内拿出成果吗？""能满足大家的期待吗？"泷口压抑着想要逃避的冲动，他的工作时间开始比原来还要长。另外，泷口还开始对固执己见的团队成员感到愤怒，平时为人温和的他，也动不动以强硬语气发火。

这样的日子一天天过去，泷口开始感觉身体不舒服，头晕、头痛、浑身乏力，后来逐渐晚上连觉也睡不着了。

在一个必须向公司高层进行中期汇报的早上，泷口完全失去了起床的力气，别说上班了，就连从被窝里爬出来都做不到。泷口最终输给了压力。[1]

所谓向压力屈服，具体指的是哪种情况呢？如果泷口的事例就是表现之一的话，那么我们可以认为，"向压力屈服"指的就是在"压力条件下"，任由"坏的负面情绪导致坏的行动"。

例如：

- ◆ 感到巨大"不安"，结果选择"逃避"。
- ◆ 由于感到强烈的"愤怒"，而向对方发起"攻击"。
- ◆ 由于情绪"极度低落"，而将自己"封闭"在自己家中。
- ◆ 在强烈的"罪恶感"的作用下，"否定"自我。

---

[1] 本书虽然参考了实际案例，但出场者均为虚构人物。在此特别声明，如有同名人物和部门真实存在，纯属巧合，与本书出场人物和部门完全无关。

上述情形无一不是"坏的负面情绪导致坏的行动"，每个都是屈服于压力的例子。逃避、攻击、自我封闭、自我否定等，每种行为都不仅不利于情况的改善，而且可以称为使情况恶化的"坏的行动"。一旦选择了这种"坏的行动"，就算你原本很有实力，也会因为无法充分发挥而必然产生不好的结果。

坏的负面情绪		坏的行动
不安	➡➡➡	逃避
愤怒	➡➡➡	攻击
情绪低落	➡➡➡	自我封闭
罪恶感	➡➡➡	自我否定

图1　所谓"向压力屈服"

何谓"战胜心理压力"？

那么，与"向压力屈服"相对，何谓战胜压力呢？那就是在"压力条件下"，通过好的负面情绪，选择好的行动。

例如：

- ◆ 因为"担心"，所以精心"准备"。
- ◆ 因为"不快"，所以与对方进行"协商"。
- ◆ 因为"悲伤"，所以与大家"分享"。
- ◆ 因为感到"自责（良心上的苛责）"，所以"反省"自身行为。

好的负面情绪		好的行动
担心	➡➡➡	提前准备
不快	➡➡➡	协商
悲伤	➡➡➡	分享
自责	➡➡➡	反省

图 2 所谓"战胜心理压力"

以上这些情况就是在好的负面情绪作用下，最后选择好的行动的例子，每种情况都战胜了压力。提前准备、协商、分享、反省等，都是可以很好地改善状况的好行动。如果能够采取这些好行动，就可以提高出现好结果的概率。也就是说，能够将自己拥有的实力充分发挥出来。

所以，担心、不快、悲伤、自责等有利于让人采取改善状况的行动，我们可以称之为"好的负面情绪"。那么所谓的"好的负面情绪""坏的负面情绪"具体指的又是什么呢？

好的负面情绪与坏的负面情绪

在此，让我们对好的负面情绪与坏的负面情绪的概念做一个归纳。

首先，众所周知，人的情绪有正面情绪与负面情绪。例如"爱"是正面情绪，而"憎恶"则是负面情绪；"喜悦"是正面情绪，"情绪低落"则是负面情绪。

然而鲜为人知的是，负面情绪也有好坏之分。坏的负面情绪的代表我们可以列举出不安、愤怒、情绪低落、罪恶感等，好的负面情绪的代表我们可以列举出担心、不快、悲伤、自责等。

比如，我们可以回想一下电影的台词和流行歌曲的歌词。以"悲伤"为主题的电影和歌曲往往能够引起观众和听众的共鸣。反之，以"情绪低落"为主题的作品则往往难以引起共鸣。当然，不排除例外情况。

总 论 心理韧性的本质

关键在于，虽然二者同为不愉快的负面情绪，但坏的负面情绪容易让人采取使情况更加恶化的自我毁灭式的负面行动，相比之下，好的负面情绪则容易让人选择使情况得到改善的正面行动。例如：

- ◆ "不安"与"担心"
- ◆ "愤怒"与"不快"
- ◆ "情绪低落"与"悲伤"
- ◆ "罪恶感"与"自责"

这些情绪每一对都很近似但又并不相同。请大家也回想一下自己迄今为止的经历。事先搞清楚其中的不同，对于缓解和规避压力十分重要。

状况与情绪的诱发

我们经常听到诸如"思维能力最重要""行动力最重要"之类的观点，却很少听到"情绪力重要"的说法。为什么呢？我认为，这或许很大程度上缘于人们确信思维与行动可以被驾驭，但情绪无法被控制。人们容易认为，情绪是在某种状况的直接诱发下产生的。

例如：

- "上司当着其他同事的面训斥了我一顿，所以我感到特别愤怒。"
- "在会议上的发言前后矛盾，遭到嘲笑，我感到情绪低落。"
- "承诺的目标没能实现，我有罪恶感。"

在我们试着在头脑中回想上述状况时，看上去情绪似乎是在压力条件下直接且自动产生的，只要我们无法控制状况本身，情绪被诱发就是不可控的。

外部状况（困境）	坏的负面情绪、行动
成为起因的事件	作为结果的情绪与行动
· 被上司骂了一顿	➡ 感到强烈愤怒
· 开会时遭到嘲笑	➡ 情绪极度低落
· 同期入职者先于自己晋升	➡ 感到强烈不安
· 未能达成目标	➡ 感到强烈罪恶感

图3 情绪、行动的诱发

如果情绪是在压力条件下直接且自动被诱发的，那么在相同状况下，任何人的情绪都应该是一样的。这是因为，人只是在某一特定状况下，同样被动地做出反应而已。

不过我们非常清楚，从经验上来说这是错误的。因为我们知道，即便是在同样的条件下，产生的情绪也因人而异。也就是说，面对某一状况做出的反应有个体差异。

例如，在重要的贸易谈判出现挫折的情况下，有的人或许会情绪非常低落，而有的人则可能只是感到些许悲伤而已。另外，在发现工作失误时，有的人可能会对自己感到愤怒甚至产生厌恶感，有的人则可能为了避免下次出现失误而振奋精神、努力工作，有的人可能还会乐观地认为失误没那么严重。即使是同一个人，在相同条件下也不一定会有同一种情绪。

从这些我们凭经验认知的事实能清楚得知，情绪未必是由某种状况直接诱发的。

同一种状况诱发的情绪之所以不同，是因为有"思维"介入其中。下面我将依据高杉派心理韧性的理论基础——"理性情绪行为心理学"，对情绪的诱发有思维方式介入这一点进行说明。这被称作"ABC理论",是有关心理过程的理论。

ABC理论:情绪的诱发装置

广濑(37岁,男性)在一家IT(信息技术)领域的知名咨询公司金融咨询部工作,担任大型银行信息类系统项目负责人。广濑连续几天时间拼命向客户说明修改系统战略的必要性,尽管他很努力,但还是没有获得客户的理解。广濑此前一直想,无论如何都要取得客户对战略转换的理解,面对此种情况,他对项目前景深感不安。

就此案例而言:

- "尽管正在努力,但仍未取得客户理解。"此种情况就是A(activating event,成为起因的事件)。
- "我无论如何都要取得客户对于战略转换的理解。"广濑的这一想法就是B(belief,思维方式)。
- "深感不安"的部分被定位为C(consequence,作为结果的情绪与行动)。

ABC理论认为，C并非由A直接诱发，而是以B为诱因引发的。因此，用广濑的例子来说，作为结果的C"深感不安"并非由A"尽管正在努力，但仍未取得客户理解"这一状况直接诱发，而是由广濑自身的思维方式B"我无论如何都要取得客户对于战略转换的理解"诱发的坏的负面情绪。

按时间顺序整理的话，整个流程就是，首先发生了A"尽管正在努力，但仍未取得客户理解"的情况，但广濑有强烈的B"我无论如何都要取得客户对于战略转换的理解"这一思维方式，就造成了结果C"深感不安"。

让我们换个例子来考虑。广濑的团队成员中有一位叫竹田（26岁，男性）。由于竹田重复犯同样的错误，广濑大声批评了他。若用ABC理论对这一案例进行解释，前因后果是怎样的呢？

事情的起因A十分清楚，就是"竹田重复犯同样的错误"。作为其结果的行动C也一目了然，那就是"大声批评了他"。我们能够推测出，此处诱发的情绪应该是"愤怒"。因为大声批评是用言语进行的一种攻击，而诱发攻击这一负面行动的情绪通常是"愤怒"。

那么一般认为介于A和C之间的思维方式B是什么

内容呢？尽管当事人并未清楚地意识到诱发C的B，但我们可以推测B是"不能重复犯同样的错误"的想法。

```
外部情况    →    思维方式    →    情绪、行动
   [A]              [B]              [C]
成为起因的事件    思维方式    作为结果的情绪与行动

                         瞬间完成，多数
                         情况下意识不到
```

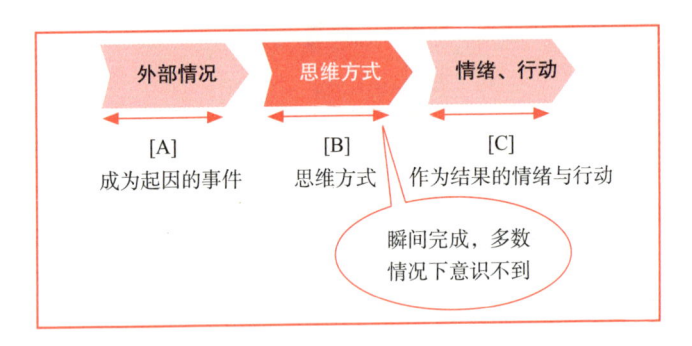

图4　思维方式、情绪、行动的连锁反应

我们将事情的经过整理一下，首先发生了A情况，即"竹田重复犯同样的错误"，广濑抱有强烈的B想法，即"不能重复犯同样的错误"，结果就出现了C"伴随着愤怒大声批评了竹田"。

诱发情绪与行动的思维方式大多数情况下不会在意识中出现，所以才会看上去好像是某一情况直接导致了情绪与行动一样。不过我相信，大家通过上述事例就能明白，情绪与行动的发生有思维方式介入其中。ABC理论正是对我们凭经验理解的"情绪与行动的诱发有思维方式介入"进行解释的理论。

错误的行动C伴随错误的思维方式B

本书开头部分将屈服于压力的情形解释成"坏的负面情绪导致错误的行动"。此外，我们将"错误的行动"定义为导致诸如攻击、逃避、自我封闭等使情况恶化的负面行动。还解释说，愤怒、不安、情绪低落等负面情绪容易引起"错误的行动"，因此是"坏的负面情绪"。

如果按ABC理论再做一遍梳理，所谓的"坏的负面情绪导致错误的行动"相当于C。所以除了情况A，应该有诱发C的B介入其中。如果C是不太好的内容，那么通常认为B的内容也是不合适的。不合适的B是前面我们一直讲的"错误的思维方式"。

前面我们提到了由于屈服于心理压力，连公司都去不了的泷口的例子，现在让我们确认一下他的"错误的思维方式"。从结论来看，可以说，造成泷口错误的行动C的错误的思维方式B是：

◆ "我必须完成上司交办的任务。"
◆ "我绝对不能失败。"
◆ "我必须在规定期限之内拿出成果。"

- ◆ "我必须满足周围人的期待。"

......

乍一看，这些想法个个听起来都很振奋人心和十分崇高。事实上，"完成上司交办的任务""不失败""在规定期限之内拿出成果""满足周围人的期待"都是重要的目标、价值和志向。然而，泷口将这些加上"必须"从而把它们当成对自己的"绝对要求"，的确就有大问题了。关于这种"绝对要求"，暂且留到后面深入剖析。在此，大家只要认识到坏的负面情绪与行动的发生一定有错误的思维方式介入这一点就够了。

这些错误的思维方式毫无疑问是泷口自己做出的思考。当然，受上司委派管理众望所归且有难度的项目这一状况为诱因是确定的。但可以说，是泷口自己的思维方式给自己制造了无法承受的压力。因为压力并不作为客观实际状态"存在"，毫不夸张地说，它归根结底还是由当事人的思维方式创造出来的。这种认识对于强化心理韧性非常重要。试想一下，与被车撞到或是被坍塌的货物压住等物理上的原因不同，心理压力这种东西本身并没有实际状态。心理上的压力终究是由当事人的思维方式制造出来的。

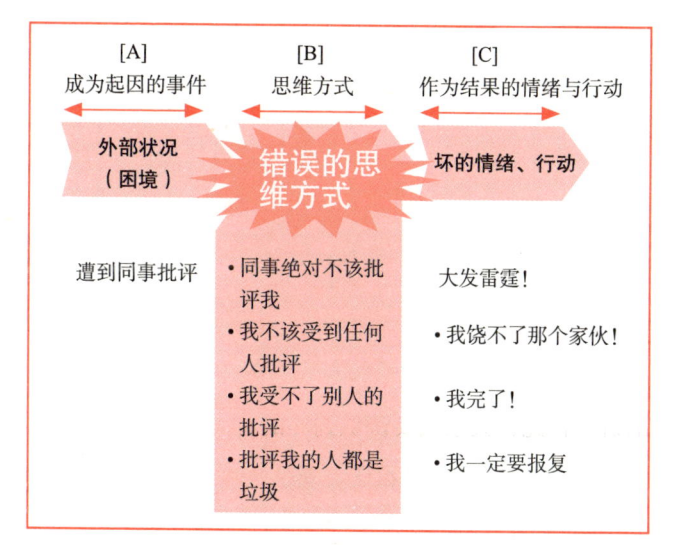

[A] 成为起因的事件	[B] 思维方式	[C] 作为结果的情绪与行动
外部状况（困境）	错误的思维方式	坏的情绪、行动
遭到同事批评	·同事绝对不该批评我 ·我不该受到任何人批评 ·我受不了别人的批评 ·批评我的人都是垃圾	大发雷霆！ ·我饶不了那个家伙！ ·我完了！ ·我一定要报复

图5 错误的思维方式、情绪、行动的连锁反应

正确的行动C伴随正确的思维方式B

反过来，前面说过，所谓战胜心理压力，指的是在面对有压力的情况时"通过好的负面情绪，采取正确的行动"，并且我们将"正确的行动"定义为诸如提前准备、协商等有利于情况改善的正面行动。并且，前面已经讲过，由于担心、不快、悲伤等负面情绪容易导向正确的行动，因此可以说，虽然它们是负面情绪，却是"好的负面情绪"，即"良性负面情绪"。

那么，在前面讲到的最后甚至拒绝上班的泷口的案例中，为了诱发正确的行动，他应该有何种"正确的思维方式"呢？

该案例中正确的思维方式就是：

- ◆ "我最好能够完成上司交办的任务。"
- ◆ "我最好不要失败。"
- ◆ "我最好可以在规定期限内拿出成果。"
- ◆ "我最好能够满足周围人的期待。"

这些观念由于不把目标、价值、志向作为"绝对要求"，而是将其定位为"相对愿望"，因此堪称"正确的思维方式"。只要拥有了这种正确的思维方式B，那么在面对压力时，就算高兴不起来，规避坏的负面情绪和消极行动的概率也有望大幅上升。并且一般认为，这样能够让人选择担心、不快、悲伤等好的负面情绪。这样他就可以不被压力压垮，顽强地完成任务了。因为正确的行动C伴随着正确的思维方式B。关于正确的思维方式，我也将在后面深入展开剖析。

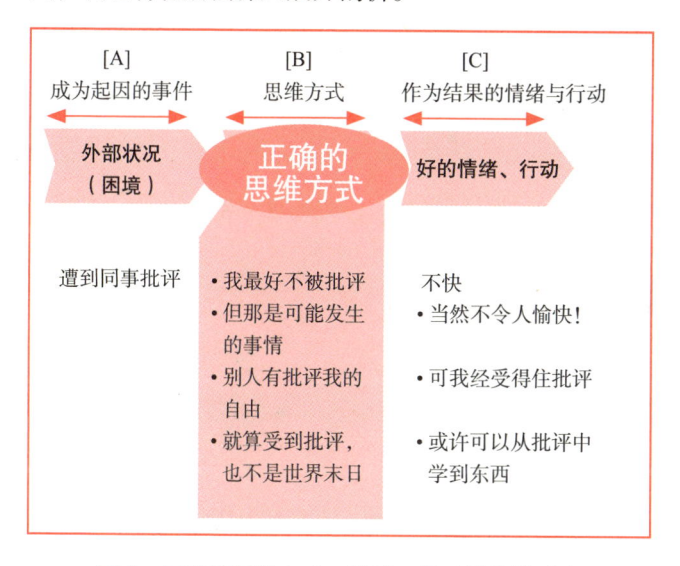

[A] 成为起因的事件	[B] 思维方式	[C] 作为结果的情绪与行动
外部状况（困境）	正确的思维方式	好的情绪、行动
遭到同事批评	・我最好不被批评 ・但那是可能发生的事情 ・别人有批评我的自由 ・就算受到批评，也不是世界末日	不快 ・当然不令人愉快！ ・可我经受得住批评 ・或许可以从批评中学到东西

图6　正确的思维方式、情绪、行动的连锁反应

强化心理韧性的本质

结合前述分析，在此让我们确认一下高杉派心理韧性的本质。那就是"在面对压力时，通过将原有的错误的思维方式修正为正确的思维方式，将坏的负面情绪与消极行动转换为好的负面情绪与积极行动的思维方式的能力"。这无非是以"最好能……"这种相对愿望为基础，通过符合逻辑的、现实且灵活的思考，选择"好的负面情绪"之后获得的思维技能。这当然需要有意识地进行反复练习，不过在较短时间内是可以学会的，并且日常就能加以实践和应用，不用每天独自冥想几个小时，也不用待在山里经受瀑布击打，更不用坐禅开悟。

强化心理韧性的 4 个步骤

在此介绍一下强化高杉派心理韧性的 4 个基本步骤。

1. 准确定位造成心理压力的原有的错误思维方式。
2. 驳斥（悖论/否定）错误的思维方式。
3. 发现正确的思维方式。
4. 以正确的思维方式为基础，选择好的负面情绪与正面行动。

只要精通这一流程，就可提高面对心理压力的精神免疫力。也就是说，即使面对压力，也能顽强而持续地发挥自身实力。下面我们将仔细考察这 4 个步骤。

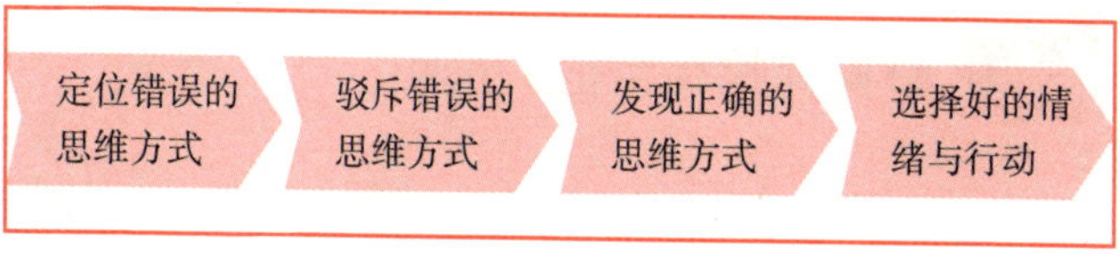

定位错误的思维方式 → 驳斥错误的思维方式 → 发现正确的思维方式 → 选择好的情绪与行动

图 7　强化心理韧性的 4 个步骤

专栏 心身耗竭综合征的预防

即使达成目标也需注意

努力奋斗但还是未能达成目标的时候,产生巨大挫折感是常有的事。但也有另外一种情形是,即便某个目标顺利达成了,随后也会有疲惫与虚脱之感,失去挑战新目标的力气,一般将此称作"心身耗竭综合征"。

心身耗竭综合征用专业术语来说是"倦怠综合征",是抑郁症、抑郁状态的一种。当然也要看程度,一般认为这是一种需要找专业医师治疗的状态。可以说,在考试成功、找到工作、盖了新房子、还完房贷、如愿以偿获得晋升、退休等人生重要节点上尤其需要注意。

"心身耗竭综合征"与错误的思维方式有关

好不容易如愿以偿实现目标,为什么会心身耗竭呢?本来应该得到巨大成就感与满足感才对啊。笔者认为,原因可能在于,在实现目标的过程中,出现过许多错误的观念。例如，如果有过诸如"无论如何必须通过就职考试""40岁之前无论如何必须有一套属于自己的房子""必须坚持工作到退休"等"必须……"的思维方式，那么实现目标的过程就将伴随着巨大的精神负担。

一旦有绝对要求，"必须如何如何"，那么做不到或情况并非如此的现实，就会成为不该发生、令人难以忍受的悲剧。一旦失败，就容易认为自己是无能和无用之辈。所以伴随着"必须……"观念的目标实现过程，通常只会失败的恐惧如影随形，使人精神高度紧张。有时连周围的鼓励和加油都会被认为是一种压力。一旦目标无法实现，当然会遭遇巨大挫折，就算目标实现了，剩下的也只会是筋疲力尽、心身耗竭的自己，根本没心思去享受成就感与满足感，更不会有力气去向新目标挑战。

为了不使自己心身耗竭也要选择正确的思维方式

心身耗竭的原因，就在于觉得目标是"绝对必须实现的"对象，说到底是认为"一旦实现不了就将面对无法忍受的悲惨局面"。

要预防心身耗竭综合征，就要想"最好可以实现目标，但是必须实现的理由并不存在"。这样一来，就算不走运，努力了目标也没能实现，情况并不理想，也还到不了不该发生的难以忍受的悲剧的地步，终归是可以承受的。还有，虽然高兴不起来，但也无须觉得遇到了"最糟糕的情况"。另外，如果顺利实现了目标，那么将有非常理想的局面出现，所以从中体会到满足感与成就感的可能性也将相应提高。

正确思维方式的另一个好处

若将实现目标从"必须……"的绝对要求转换为"最好能……"的相对愿望，会出现什么不同呢？首先，由于悲壮感减轻，所以能够把事物看得更加清楚与现实。此外，灵活处理也将成为可能。因此，得出好结果的概率也将相应上升。还有，享受实现目标的过程的概率也会上升。这是因为，该过程将被看作创造理想状况的过程，你会更有干劲，周围的声援也会变成巨大的鼓励。当然了，均衡的饮食、充足的睡眠等健康管理也十分重要。希望大家都能通过正确的思维方式与健康管理，防患于未然。

理论篇
用于强化心理韧性的4个基本步骤

步骤 ❶ 定位错误的思维方式

在总论部分，笔者对通过选择正确的思维方式与好的负面情绪强化心理韧性的方法进行了概括讲解。我们确认了两点，一是情绪与行动需通过思维方式诱发，二是强化心理韧性的本质在于通过选择正确的思维方式引导出好的负面情绪与正面行动。

步骤 1 首先对围绕压力产生的根本原因——将要求绝对化的"必须"型思维方式进行解说。在此基础上思考由此派生出来的另外 3 种错误的思维方式。

错误思维方式之一：
将要求绝对化的"必须"型思维方式

为了有正确的思维方式，首先我们有必要知道什么是错误的思维方式。在造成心理压力的错误思维方式当中，排在首位的就是将要求绝对化的"必须"型思维方式。具体例子如下：

- "我必须时刻做到完美。"
- "我绝不能在竞争中失败。"
- "我绝不可以犯错误。"
- "我绝不能被否定。"
- "别人要按我想的去做。"
- "情况必须经常对我有利。"

上述这些"必须""不能""不应该"等，对要求进行绝对化就是"必须"型思维方式。确实，这些想法看上去很振奋人心，可实际上这些都是让我们产生巨大心理纠葛的"进行不切实际要求"的错误思维方式的典型代表。

绝对要求思维方式
"必须"型思维方式

图 8 典型的错误思维方式

理论篇 用于强化心理韧性的4个基本步骤

```
错误的思维方式    "我必须时刻做到完美。"
                "我绝不能在竞争中失败。"          必须
将              "我绝不可以犯错误。"
"必"            "我绝不能被否定。"
须              "别人要按我想的去做。"
""              "情况必须经常对我有利。"        "必须"反映
要              ……                           的是理所应
绝                                            当、理应如
对                                            此的心理
化
```

图 9　将要求绝对化的思维方式

"必须"型思维方式自身存在悖论

"必须""要"都是绝对化的要求。因为是绝对要求，所以如果进展不顺利或无法实现，就等于"不该发生的事情"事实上"发生了"，"不能做的事情"最终还是"做了"——这一巨大矛盾将成为一种难以妥善解决的巨大悖论，重重地压在我们心头。

请一定仔细回味一下"不该发生的事情发生了""不能做的事情做了"这一矛盾。出现这样的情况，当事人当然会觉得这是难以承受的糟糕透顶的悲剧。这是造成巨大心理纠葛的起因。如果将抱有"必须"型思维方式比作驾驶汽车，它就是一种无异于同时用力踩下油

门和刹车的自我毁灭式思维方式。

在某重型机械制造企业国际事业部工作的铃木（34岁，女性），陷入了"无论如何都要通过晋升考试""绝对不能落榜"的"必须"型思维方式。在对自己进行绝对要求的情况下，铃木虽然努力了，但很不走运，最后还是没通过晋升考试。结果导致了什么情况呢？"绝对应该发生的事情没有发生"的同时，"绝对不该发生的事情"却"发生了"。当然，此种情况对铃木而言，就成了"难以承受的悲剧"，所以她的意志变得非常消沉。

此外，对铃木而言，由于她对自己提出了绝对要求，所以不难想象，在出结果之前，她一直有着巨大的不安情绪。

图10 "必须"型思维方式的悖论

因此，只要像铃木那样抱有"想尽一切办法绝对要通过晋升考试""绝对不能失败"的"必须"型思维方式，结果出来之前就极度不安的可能性势必增加。追溯观念的先后顺序就会发现，人的情绪性纠葛产生的根源就在于有此种"必须"型思维方式。

"必须"型思维方式还会造成心身耗竭

"必须"型思维方式更严重的问题在于，就算目标和志向实现了，如同我在前面专栏中写的那样，人感到身心俱疲的危险性也会变高。这是因为，只要提出"必须"型绝对要求，就要一边因为失败悲剧可能发生这一难以忍受的结局感到不安，一边努力。如前文所说，由于是抱着饱尝艰辛的心情去努力，所以会伴随巨大的精神痛苦，因而造成当事人无法享受实现目标的过程。

还有，假设运气不错，实现了"必须做到的事情"，只要受到"必须"型思维方式束缚，就很难获得成就感与满足感。因为"必须""应该"之类的绝对要求，换句话说反映的就是"做到是应该的""理应如此"的心理。所以即使进展顺利，由于只是发生了理所应当的事情，自然难以感受到成就感与满足感。

错误的思维方式

必须有！
必须做到！
做到是理所应当的！

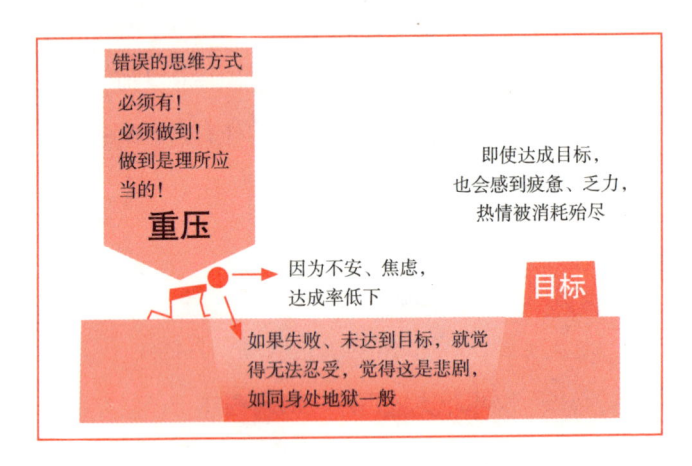

重压

即使达成目标，也会感到疲惫、乏力，热情被消耗殆尽

因为不安、焦虑，达成率低下

目标

如果失败、未达到目标，就觉得无法忍受，觉得这是悲剧，如同身处地狱一般

图11 "必须"型思维方式的弊端

不光实现目标的过程本身变成了一种痛苦，就算实现了目标，到头来剩下的也只有筋疲力尽。这就是被称为"心身耗竭综合征"的状态。如此一来，就会失去再次挑战新目标的意愿，弄不好会有"啊？又来？""我受够了"的想法，最终选择拒绝。

下面是在一家外资经营咨询公司发生的案例。佐藤（32岁，男性）曾是一位非常优秀且工作认真的咨询师，从日本某知名大学毕业后，进入综合商社工作，后来前往美国东部一所著名的商业院校留学。取得工商管理硕士学位后，他认为自己"绝对要满足周围人的期待""无论如何都要把工作做到完美"，为此不分昼夜地拼命工作。可是，在他完成第三个项目的时候，就感觉已到极限，最终选择了辞职。在身体累垮之前选择放弃，他想必经过了痛苦挣扎。事实上他已经心身耗竭了。

"必须"型思维方式不符合时代潮流且低效

进一步讲，佐藤通过鞭策鼓励自己，勉强完成了项目。但我们可以说，"必须"型思维方式事实上属于降低"胜算"的低效的错误思维方式。

如前所述，因为通常要怀着"失败了怎么办""进展不顺利怎么办""那样可就糟糕透了"等巨大的不安去努力奋斗，这样一来，就很难把力量集中用于解决问题和实现目标。"失败了怎么办"的不安会消耗掉很多精力。当然，由于思维也变得僵化，所以很难迸发出创意。焦虑情绪先行，效率低下，最终导致难以拿出成果。综上所述，"必须"型思维方式同时还是一种降低胜算的效率低下的错误思维方式。

在经济形势大好的时代，即使有"必须"型思维方式，结果也基本上是一帆风顺的。可是在当下这种前景不确定的时代，也就是难出成果的时代，主动倡导降低胜算的思维方式无疑会导致浪费。低效的生产工序和业务流通只要存在，就会立即成为改进的对象。同样，低效的思维方式也亟须得到改善。

错误思维方式之二：
否定价值与志向本身的"无所谓"型思维方式

除了"必须"型思维方式，还有"无所谓"型思维方式，具体来说就是：

- ◆ "努力是毫无意义的事情。"
- ◆ "计划了也白搭。"
- ◆ "结果好也罢坏也罢，不值一提。"
- ◆ "犯个错误就是小事一桩。"
- ◆ "这个社会就那么回事儿。"
  ……

这些都是将错就错地把事情说成"无所谓"的错误思维方式。归根结底，这种虚无主义思维方式也是根源于"必须"型思维方式。

可以说，"无所谓"型思维方式是一种由于无法忍受"必须"型思维方式造成的巨大矛盾，而连其目标、价值与志向都加以否定的将错就错的思维方式。可以说这是完美主义者最容易落入的陷阱。

在制药公司负责营销的竹田（27岁，男性）一直有一种"我在工作上绝不可以犯错"的"必须"型思维方式。他在提出这种绝对要求的瞬间，就已主动陷入了自己有可能做出"不该做"的事情这一巨大矛盾之中。竹田凭直觉觉察到，无论怎么努力，都无法完全消除犯错误的可能性。他从内心深处希望自己能从"怎么努力都避免不了'不该发生'的事'可能发生'"这一巨大束缚中逃脱出来。

由于无法忍受这一重负，竹田只好采取最后手段，即所谓的"错误嘛，犯了也没什么大不了的，根本不值一提"。他否定了"犯错误不好"这一当初的理念与价值观本身。这就是"无所谓"型思维方式产生的原理。

所以，虽然看上去是在逞强，但"无所谓"型思维方式其实是为了从"必须如何"的束缚中解脱自己,具有自我防御性质,本质上与"必须"型思维方式表里一体,二者都是错误的思维方式。

一个人一旦将错就错地认为干什么都"无所谓""不值一提",十有八九会积极性下降,懒得付出必要的努力。所以,难以拿出成果也是一定的。总之,可以说"无所谓"型思维方式与"必须"型思维方式都是降低胜算的、低效的自我毁灭式思维方式。

"无所谓"型思维方式正在社会上蔓延

我强烈认为,"无所谓"型思维方式当下正在日本全国蔓延。因为很多职场人士在各种压力下,由于对自己提出"必须拿出成果"的绝对要求,而陷入了"必须"型思维方式的矛盾。这样就产生了一种趋势,那就是很多人不久就因为承受不了这种重压,开始认为"成败反正都凭运气",而最终放弃努力。

此外,在年轻人中间,我觉得有一种"找不找固定工作无所谓"的"无所谓"型思维方式正在扩散。这可能是由于对自己提出了"必须找到固定工作"这样的绝对要求，而现实中却越来越难以实现，于是因为无法面对这一矛盾而拒绝为找固定工作做必要的努力。

"无所谓"型思维方式在青春期也十分常见。例如，有的人认为受到一直信任的老师的欺骗，因而认定"信任他人没有意义"。由于"我不应该受到欺骗"这一"必须"型思维方式十分强烈，所以感觉背叛是"不该发生的悲剧"。因为难以忍受，为避免此种悲剧再次上演，所以连信任他人很重要这一点都一并否定了。我认为，为了防止落入"无所谓"型思维方式的陷阱，同时也为了生存下去，很有必要从其根源——"必须"型思维方式中挣脱出来。

由绝对要求派生的3种错误思维方式

除了"无所谓"型思维方式，"必须"型思维方式造成的"不该发生的事情"在现实当中"有可能发生"这一巨大悖论会诱发"糟糕透了""受不了了""无法原谅"这三种错误的思维方式。下面按顺序进行说明。

错误的思维方式

绝对要求思维方式
"我要……"
"必须……"

悖论

"不该发生的事情"却有可能发生，这是个巨大矛盾

事情一旦发生了

① 糟糕透了！
=绝望悲观思维方式
② 受不了了！
=耐性缺乏思维方式
③ 无法原谅！
=指责/自卑思维方式

图12 由"必须"型思维方式派生出的错误思维方式

认定事物"糟糕透了"的"绝望悲观"型思维方式

首先，让我们来看一下对一切事物持悲观态度的"绝望悲观"型思维方式。这种思维方式往往认为情况"糟糕透了""已经没救了""世界末日到了"，是一种单方面对一切事物持悲观态度的错误思维方式。

在一家综合商社负责化学设备营销的高桥（39岁，男性）曾经抱有"必须"型思维方式，认为"我无论如何也要拿下订单"。可是，尽管他努力了，但是很不走运，被竞争对手公司把订单抢走了。也就是现实中"发生了不该发生"的情况。这种心理负担对他来说太大了。为此高桥开始绝望地认为"糟糕透了""已经没救了"，于是陷入了巨大的低落情绪中。

更糟糕的是，陷入强烈的"绝望悲观"型思维方式经常会发生恶性循环。因为坚持认为"肯定再也无法获得订单了"，认为自己注定会失败，所以放弃了为取得成功应该做的努力。

> "糟糕透了。这样的自己简直太差劲了！"
> "太过分了。那个家伙简直坏透了！"
> "真是悲剧。已经没救了，世界末日到了！"
> ……

图 13 "绝望悲观"型思维方式

断言自己"受不了了"的"耐性缺乏"型思维方式

从"必须"型思维方式派生出的第二种错误思维方式是"耐性缺乏"型思维方式。这是一种单方面认定自己"无法忍受，受不了了"的情况。事实上，当事人嘴上说受不了，可还是在忍耐着，所以受不了也只是其本人"确信"而已。如果真的已经无法忍受，应该早就被压力击垮了。

那么，为什么会认为"无法忍受，受不了了"呢？这是因为已经把情况看成"难以承受的悲剧"。

为什么情况会变成难以承受的悲剧呢？这是因为发生了"绝对不该发生"的事情。但这并非客观上发生了"无法承受的情况"，而是持有的"必须"型思维方式做出的绝对要求所致。

> "我受不了自己这样！"
> "我已经受不了那个人了！"
> "这样的工作岗位已经无法忍受！"
> ……

图 14 "耐性缺乏"型思维方式

面对获取订单失败的局面，高桥绝望地认为情况"糟糕透了""已经没救了"。一旦断定情况是最糟糕的，认为"已经无法忍受"的错误思维方式就开始运作。错误的思维方式就是这样互相放大的。

"我无法原谅有过错之人""是自己不行"的"指责/自卑"型思维方式

由"必须"型思维方式诱发的第三种错误思维方式就是"指责/自卑"型思维方式。这种思维方式是对引起"不该发生状况"的人和情况加以谴责的错误的思维方式，持有此种思维方式的人无法原谅自己的过错或者完全归咎于他人或单位等。

在持有"必须"型思维方式的情况下，如果很倒霉，发生了"不该发生"的事情，当事人就会认为情况糟糕透顶和无法忍受。这样一来，产生"究竟是谁造成了这么出乎意料的局面""是谁导致了如此难以忍受的结果"等想找出责任人的念头或许也是很自然的结果。这就是"指责/自卑"型思维方式。

高桥在重大项目订单上失败后，一不小心就有可能朝着寻找造成抢单失败这一"糟糕透顶，无法忍受"结果的"罪人"的方向使劲儿。可能会单方面将其解释成"都怪对方提出了过分的条件"，"都怪高层根本不在订货价格上让步"，"作为营销人员自己真没本事"等。

这样一来，将很难准确把握情况，所以自然难以拿出改进之策。在将某个人单方面地看成坏事之人加以谴责的同时，也容易陷入"再也没法获取订单"的"绝望悲观"型思维方式，所以等于自己提高了"再也接不到订单"这一预言变成现实的概率。

> "我绝对无法原谅这样的自己!"
> "这全都是那个人的责任!"
> "这么差劲的公司简直糟透了!"
> ……

无法原谅!

图 15 "指责/自卑"型思维方式

错误的思维方式容易诱发坏的负面情绪

前述错误的思维方式往往会使人产生巨大的心理纠葛。具体来说，它们都是容易引起愤怒、情绪低落、不安、罪恶感等"坏的"负面情绪的思维方式。错误的思维方式还有一个更大的问题，那就是容易诱发坏的负面情绪。

要求自己绝对"不能被……""不能够……"，一旦自己遭到否定，或是感到被人挡住去路的时候，就容易感受到"愤怒"这种坏的负面情绪。如果觉得失去了重要的东西，就容易因这种丧失感而"情绪低落"。另外，如果将其解释成自己受到了威胁，就容易导致"不安"情绪产生。并且，如果感到自己违背了道德标准，就容易感到"罪恶感"。

星野（29岁，男性）在一家大型材料制造企业的技术开发中心负责专利管理工作。在经济不景气导致企业裁员造成员工数量减少的情况下，业务非但没有减少，反而不断增加。星野从上司那里感受到巨大的压力。星野对自己提出了绝对要求："任何人都绝不可以阻挡我顺利完成业务量。"结果是，上司让他去负责规定时间内无论如何都完成不了的大量工作，他就把上司看成了阻碍自己前进的敌人。于是，对星野而言，上司就成了让他愤怒的对象。

另外，如果假设星野抱有"迄今为止，我一直都顺应上司的期待，今后也必须保持这一状态"的"必须"型思维方式的话，结果会怎样呢？由于工作量增加得太多，所以一旦变得无法让上司满意，自己就不再是一直让上司满意的出色的人，星野说不定会由于这种巨大的丧失感陷入严重的情绪低落。

还有，星野如果有"必须"型思维方式，在认为"一想到这种情况今后会一直持续下去就让人毛骨悚然，绝不能允许这种情况发生"的同时，如果再将这种情况解释成今后对自己的威胁，肯定会陷入巨大的不安。

不仅如此，假设他对自己提出带有道德约束的绝要求，认为"别人拜托之事必须完成，否则就是不讲信用"，那么，他或许还会因自己无法在限期内拿出成果而产生强烈的罪恶感，认为自己"没有信守承诺"。

正因为如此，我们说，错误的思维方式极其容易诱发愤怒、情绪低落、不安、罪恶感等坏的负面情绪。

坏的负面情绪进一步诱发错误的行动

错误的思维方式诱发的坏的负面情绪往往会引起错误的行动，使情况恶化。

具体而言，有如下几种情况：

- ◆ 愤怒导致攻击。
- ◆ 情绪低落导致自我封闭。
- ◆ 不安使人逃避。
- ◆ 罪恶感让人否定自己。

在此，我们请星野再度出场。

由于星野把上司看成阻碍自己发展的敌人，所以上司对星野而言就成了愤怒的对象。这样一来，说不定二人会出现争执。如果星野感到失落,认为自己不再是那个"一直让上司满意的出色的自己",那么他会变得情绪低落,或许要么无故缺勤,要么把自己关在家里。

另外,如果他把这种"压力状况"解释成对自己的威胁,由此感到巨大的不安的话,他也有可能会选择诸如辞职之类的逃避行为。此外,对于在规定时间内拿不出成果的自己,如果他产生了"自己没有遵守诺言"的罪恶感,也可能会给自己贴上"破坏约定的无用之辈"的标签。

综上所述,坏的负面情绪往往会引起错误的行动。

错误的思维方式容易引起恶性循环

- 说不定自己会被裁掉
- 绝不能被裁掉,一旦被裁将是悲剧
- 每天充满不安,害怕上班
- 感到强烈不安
- 担惊受怕的自己太没出息,在酒精中逃避
- 绝对不能在酒精中逃避
- 沉湎于酒精的自己很没用

图 16　错误的思维方式引起恶性循环的例子

步骤 ❷ 驳斥错误的思维方式

仅仅意识到错误的思维方式并不够。下面我将讲解强化心理韧性的第 2 个步骤——驳斥错误的思维方式。驳斥指的是在彻底进行反驳的同时加以否定。要战胜压力,仅仅觉察到产生压力的错误思维方式是不够的,彻底将其击垮非常重要。接下来,笔者将讲解驳斥与否定错误思维方式的方法。

错误的思维方式有缺乏论据且凭经验难以验证的特点,而且认定消极结论"非常绝对"。也就是说,我们要对错误思维方式的不合理性进行彻底驳斥。错误的思维方式一般具有以下 4 个不合理的特征:

- ◆ 不合逻辑
- ◆ 无法证实
- ◆ 不实用

◆ 不灵活

从这些方面入手对错误的思维方式进行彻底否定，对于战胜压力格外重要。

不合逻辑	用来得出结论的论据不明确或者不充分，逻辑上存在跳跃
无法证实	从论据推导出结论的概率很低，无法从经验上加以验证
不实用	妨碍目标的达成，起负面作用，不实用
不灵活	绝对化的一厢情愿，只是顽固地坚信着而已

图17 错误的思维方式的四个特征

方法一：驳斥错误的思维方式缺乏论据，不合逻辑

错误思维方式的不合理性往往在于找不到确切的论据支撑，也就是在逻辑上存在巨大跳跃。

例如，我们可以思考一下"我必须是完美的"这一典型的"必须"型思维方式。究竟为什么非完美不可呢？"最好可以完美"的理由应该很多，可是无论罗列多少完美的好处，或者反过来罗列不完美的坏处，要求自己"不

完美绝对不行"的理由根本就是不存在的。只要刨根问底地思考就会发现，其实这不过仅仅说明了完美很理想和令人向往而已。

能不能做到姑且不论，追求完美本身并不是坏事。有时我们或许可以在追求完美的过程中找到满足感。通过追求完美，任务完成的质量得到质的提高也是非常有可能的。这样一想的话，完美状态的确令人向往。

在个别事例当中，或许还有其他追求完美的好处。例如，有可能会受到上司与同事的高度赞赏，有望提前晋升，加薪也说不定。追求完美的好处越大，其令人向往的程度也就越高，这是事实。那么，这种令人向往的程度高涨到什么程度，才能成为要求自己"必须完美"的理由呢？答案是"永远不能"。不过是令人向往的程度持续提高而已，只要本人不下决心，"令人向往"是不会自然而然转换为"必须"的。无论完美是多么令人向往，逻辑上都不会导出"因此必须完美"的结论，"必须"并不在"令人向往"的延长线上。二者之间缺乏逻辑上的归结关系（英语叫作 non sequitur，不合逻辑的推论），完全是两码事。所以，"完美非常令人向往，所以'必须'完美"的想法，存在巨大的逻辑跳跃。

远藤（52岁，男性）是某综合商社服装部门的负责人，他性格当中有强烈的完美主义倾向。特别是他有强烈的"必须"型思维方式，认为"决定了的事情必须绝对遵守"。受这种错误思维方式的影响，远藤给自己制造了巨大的压力。下面是虚构的远藤与笔者的对话。

高杉：远藤先生，为什么决定了的事情就必须要遵守呢？

远藤：这还用说吗？对职场人士而言，这不是理所当然的吗？

高杉：为什么是理所当然的呢？你能解释一下其中的理由吗？

远藤：理由说起来那可太多了。如果决定了的事项得不到遵守，那么组织的秩序就可能无法维持下去，业务流程也会出现堵塞，结果就会给其他部门添麻烦，估计对业绩也会有不良影响。只要大家都认真遵守规定事项，那么组织的秩序就能得到保证，业务效率也能提高，对业绩也有正面影响，所以一旦决定了的事情绝对要得到遵守。

高杉：原来如此，决定了的事情得不到遵守的话，也许确有坏处。不过，即便如此，为什么是"必须"遵守呢？我认为说得到遵守是一种"令人向往"的状态可能更为确切。

远藤：是的，所以决定了的事情必须得到遵守。

高杉：您认为得到遵守是非常理想的，所以人们必须遵守，对吧？可是，您不觉得这个逻辑存在很大的跳跃吗？无论怎么罗列论据，只不过是使决定事项得到遵守的好处有所增加，仅仅是其令人向往的程度增加而已，并不能导出要"必须遵守"这一结论。

远藤：哦。原来我是把原本仅仅非常理想的状态当成了必须达到的状态。

其他我们可以想到的错误的思维方式也只是自己断定"糟糕透了""无法忍受""绝对不好"而已，并没有确切的证据，这其中都存在逻辑的跳跃。

情况变得更糟的可能性是存在的。不过，就算很多糟糕情况都赶在一起变得"非常糟糕"，"最糟"的状态在逻辑上也是不存在的。补充一句，就算可能有更糟的情况、更差的情况，"最糟糕""最差劲"的事情在逻辑上也是不可能存在的，那不过是自己单方面如此认定而已。

同样，人们有时会陷入"难以忍受"的境地。然而，这也不过是按照自己的想法设定的"难以忍受"的标准，在逻辑上确定什么"无法忍受"是非常困难的。

寻找恶人的"指责/自卑"型思维方式也不符合逻辑。无论怎样罗列恶人的坏处，要证明其百分之百不对，在逻辑上也是办不到的。所以在逻辑上下结论，认为某人或某事"绝对不好"是不可能的。

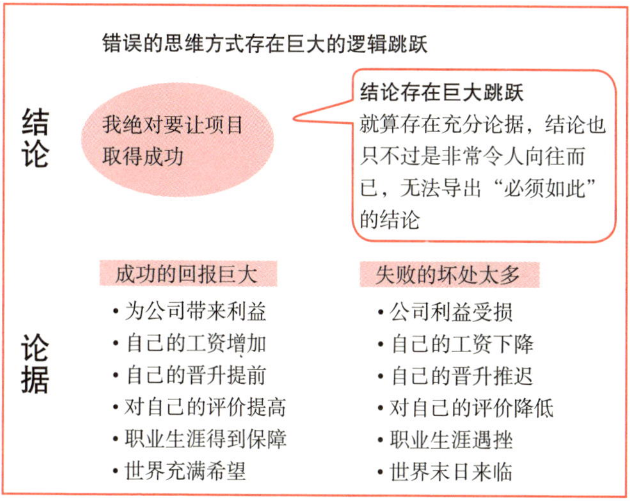

错误的思维方式存在巨大的逻辑跳跃

结论：我绝对要让项目取得成功

结论存在巨大跳跃
就算存在充分论据，结论也只不过是非常令人向往而已，无法导出"必须如此"的结论

论据：

成功的回报巨大
- 为公司带来利益
- 自己的工资增加
- 自己的晋升提前
- 对自己的评价提高
- 职业生涯得到保障
- 世界充满希望

失败的坏处太多
- 公司利益受损
- 自己的工资下降
- 自己的晋升推迟
- 对自己的评价降低
- 职业生涯遇挫
- 世界末日来临

图 18　从逻辑性对错误的思维方式进行驳斥

方法二：驳斥错误的思维方式凭经验无法证实

错误思维方式的缺陷在于，这些想法无法凭经验加以证实，也就是不现实。"我很完美"这件事，无法凭经验得到证实。无论怎么考虑，只要是活生生的人，那就不可能是完美的。大家迄今为止遇到过完美的人吗？

"这样准备就完美了"，"我完成了完美的演示"，"刚才的击球很完美"，"他的击球姿势很完美"，等等，我们很容易脱口而出。然而，是否真的完美，无法通过经验加以证实，因为凡事都有改进的空间。

其次，思考一下"耐性缺乏"型思维方式，有趣的是，当事人说着"已无法忍受"，可事实上还在忍耐，他正在证明自己能够承受。也就是说，我们可以认为，说"已无法忍受"，只不过是自己如此确信而已。此外，不管自己还是别人，认定某事百分之百不好几乎是不可能的。即使某人采取了某一不好的行为，也无法通过经验证实他百分之百一无是处。

以某一特定行为为基础评价某个人的全部，堪称"过度一般化""贴标签"。同样，百分之百令人绝望的情况在现实中也很难想象。假设你现在正感到绝望，那也不过是你自己这么认为而已。

在对这些个别事例与现象进行证实的同时，仔细品味事例与现象的联系，即因果关系能否通过经验加以验证，这一点也十分重要。

根本（33岁，女性）是一家金融机构法人事业部的营销人员。在与重要客户协商的时候，她在最开始的协商现场开启了如下错误的思维方式：

"谈判对象自始至终眉头紧锁，看来谈判肯定破裂。这样一来我的职业生涯也就完了，无论如何务必要让谈判取得成功。"

让我们从实证性上验证一下她的思维方式。首先，谈判对象始终眉头紧锁，谈判就注定破裂吗？二者根本没有必然的关联，没准儿对方负责谈判的人天生就愁眉苦脸呢。

再者，谈判破裂就会断送职业生涯吗？不得不说概率很小。究竟所谓的"职业生涯结束"指的是什么样的情况呢？例如：在公司里的名声下降，被降级调职，弄不好的话会被解雇，等等？我们当然无法否定糟糕情况发生的可能性，然而还不至于让职业生涯就此终结，可能还有挽回的机会，也可以换一份工作，从破裂的谈判中应该还可以学到很多东西。只要自己不放弃，职业生涯就不可能终结。

最后的"无论如何必须让谈判取得成功"这一部分，属于前面已经说过的逻辑上的跳跃。从逻辑上思考，归根结底只是谈判成功非常"令人向往"，一定要促使其成功的理由并不存在。

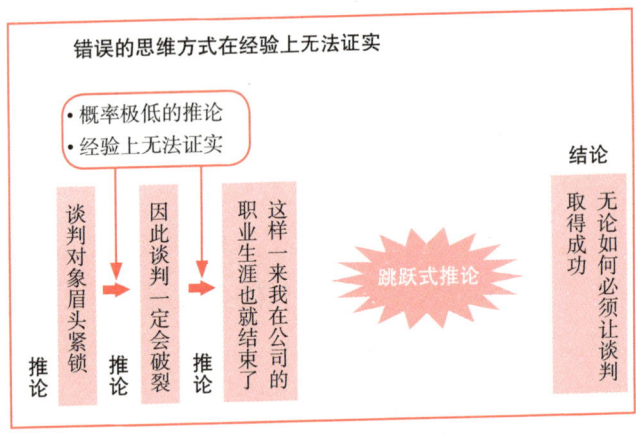

图 19　从实证性上对错误的思维方式进行驳斥

方法三：驳斥错误的思维方式不实用

错误的思维方式更大的缺陷在于，这些思考缺少实用性。因为，我们无论拿出哪一个错误的思维方式来观察，如果问当事人能否因此变得幸福，答案都只能是"不能"。

例如，假设我要求自己"无论如何都要储蓄100万日元"。此时，如果存款在100万日元以下，我就不幸福了吗？就算存到了那么多钱，也很可能会担心万一钱丢了怎么办、花完了怎么办，总之就是难以感到幸福。

另外，如果有了"耐性缺乏"型思维方式，就很难去想"再稍微努力一下"，而是会有"忍耐不下去，不干了""受不了了，放弃吧"的想法，容易在成功之前放弃努力。结果目标反而变得难以达成。

又假设抱有"某某不对，饶不了他"的"指责/自卑"型思维方式并因此单方面谴责别人，受到谴责的人很可能会采取缺乏理性的反击，从而使情况进一步恶化。如此一来，状况就很难改善了。

如果绝望、悲观地认为"没戏了"，就懒得采取措施改善状况，不好的状况会持续下去，问题也无法得到解决。

总之，无论是持有哪种错误的思维方式，保持幸福的状态和变得幸福都将十分困难。因为坏的思维方式有不实用的缺陷，无法带来好结果。

而在有的场合，即使有些说辞不合逻辑，或者不具备实证性，只要有实用性就可以了。幼儿园的园长在运动会致辞中经常会这样说：

"大家人品好，所以今天天气才会这么好。"

从逻辑性与实证性上来说，我认为这种说法存在问题，但因为其内容积极向上，所以从让运动会参加者心情愉悦的角度来说，非常实用。我们还可以认为，只要结果有实用性就没问题的情况也是存在的。

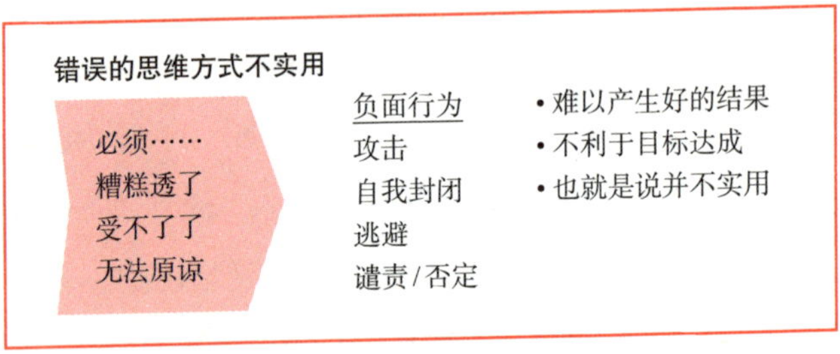

错误的思维方式不实用

必须……
糟糕透了
受不了了
无法原谅

负面行为
攻击
自我封闭
逃避
谴责/否定

- 难以产生好的结果
- 不利于目标达成
- 也就是说并不实用

图20　从实用性上对错误的思维方式加以驳斥

方法四：驳斥任何一种错误的思维方式都是绝对的确信

除了缺乏论据、难以证实、缺少实用性之外，错误的思维方式还有一个共同的缺陷，那就是当事人会在无意识当中对错误的思维方式抱有强烈的自信，认为"绝对如此"。

科学的思考包括一种"假说思考"。所谓"假说思考"，指的是不将自己的主义与主张绝对化，而是将其看作假定真理的态度。自己的主张归根结底只是假定真理，所以持此种态度者在颠覆性事实出现的时候，会谦虚地对其加以承认。采取这种态度相当需要勇气。

反之，绝对的确信则是站在假说思考的对立面。就算与自己确信的内容不相容的事实一个接一个出现，也会出于不愿承认自身错误的自我防卫本能而顽固地持续对其加以否定。

不过，否定绝对的确信，并不是连强烈的信念也加以否定。风险投资企业在选择投资对象的时候，必定会对投资对象的总裁进行采访，为的是判断总裁的素质。此时会试探对方对商品的优点、服务的领先性等方面是否存在"肯定可以一帆风顺""不可能失败"这样的自信。有这样的自信，才会为之积极地努力，因而进展顺利，这有些自我预言式的意味。因此，归根结底，就像前面提到的园长的例子一样，只要内容积极向上，"确信"有时也没什么不好。

不过，就算积极向上，过于确信也是值得商榷的。企业失败的原因之一就是总裁的"过度自信"。过于积极确信"本公司的技术最棒"，因此在产品设计上不够用心，从而卖不出去，或者由于过分确信"此服务独一无二"而在营销方面消极懈怠的事例并不少见。

错误的思维方式只是绝对化的一厢情愿

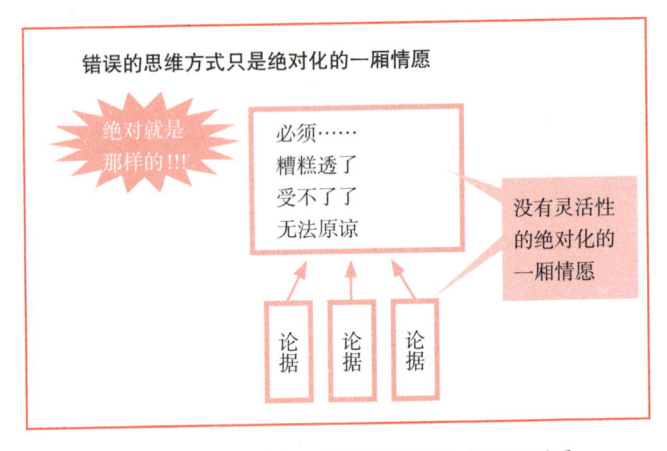

绝对就是那样的!!!

必须……
糟糕透了
受不了了
无法原谅

没有灵活性的绝对化的一厢情愿

论据　论据　论据

图21　从灵活性上对错误的思维方式加以驳斥

关于驳斥的例子

为了磨炼驳斥错误思维方式的技巧，下面我将通过具体的例子进行讲解。每个例子都将从逻辑性、实证性、实用性、灵活性4个角度对错误思维方式的缺陷进行驳斥。

吉田（26岁，男性）在一家医疗器械制造商的市场营销企划部工作。经过分析我们得知，他有一种"同事绝对不可以批评我"的强烈的"必须"型思维方式。

从逻辑性上进行驳斥："不可以遭到批评"的想法只不过是自己的一厢情愿。究竟凭什么就容不得别人批评呢？确实，不被批评的好处很多，遭到批评的坏处同样也很多。即便如此，也没有"不可以被人批评"的理由，仅仅意味着不被批评非常"理想"而已。"不可以遭到批评"这种"必须"型思维方式存在巨大的逻辑跳跃。

从实证性上进行驳斥：现实一点考虑，完全不被别人批评的情况真的可能存在吗？从经验上来说，这是非常难以想象的。不允许别人批评的独裁者支配的社会自当别论，只要是允许自由表达的社会，任何人都会被其他人批评。可以说，这种状态才是理所当然的。当然，笔者认为，不受批评总是令人向往，但"不可以被别人批评"这种绝对要求值得商榷。

从实用性上进行驳斥:"同事绝对不可以批评自己"的想法对于人生真的有帮助吗？通过别人的批评，我们还可以对自己没注意到的地方进行学习。也就是说，被人批评自然也有好的地方。另外，不能接受同事批评自己的人，一旦真的遭到批评，可能就会因此怨恨对方。这样等于是在树敌，绝对称不上是明智之举。

从灵活性上进行驳斥：以提出绝对要求的"必须"型思维方式为首，错误的思维方式几乎都是一厢情愿的。通过从逻辑性、实证性、实用性等观点探究绝对要求的不合理性，将一厢情愿的想法作为相对性的假说来看待才是更为合理的。希望在出现与深信不疑的想法相反的事实时，人们可以虚心地接受。

步骤 ❸ 发现正确的思维方式

构建凡事不绝对的"最好"型思维方式

找出正确的思维方式取代造成压力的错误思维方式,是增强心理韧性的第 3 个步骤。在驳斥错误思维方式的步骤中我们讨论过,"必须"型思维方式存在巨大的逻辑跳跃。也就是说,无论怎么列举好处与坏处,事物也只不过要么很"理想",要么"不理想",不可能满足诸如"必须"与"应该"等绝对要求。

处于"必须"型思维方式对立面的正确的思维方式是持有相对愿望的"最好"型思维方式。正确的思维方式是如下表达方式所代表的相对愿望:

- ◆ 最好是……
- ◆ 最好……
- ◆ 最好能够实现

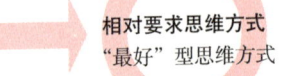

图 22　正确的思维方式

首先肯定重要价值

正确思维方式的首要关键在于肯定目标、价值和志向。同时不将其作为绝对要求,归根结底是将其定位为相对愿望,这一点十分重要。一旦连价值本身都否定了,就会陷入前面提到过的"无所谓"型思维方式。另外,一般来说,否定目标与价值对于当事人来说,很多情况下是难以接受的。例如,对抱有"必须"型思维方式,认为"自己必须完美"者说"凡事达到70分就行啦",恐怕很多时候是不会被接受的。

接下来,我们让本书开头部分介绍过的那位连班都上不了的泷口先生再次出场。他的"必须"型思维方式是下面这样的:

- "我必须完成上司交办的任务。"
- "我绝不能失败。"
- "我必须在规定期限内拿出成果。"
- "我必须满足周围人的期待。"

我们要肯定这种"必须"型思维方式的观点作为相对愿望的价值，将其替换成正确的思维方式：

- "我最好能完成上司交办的任务。"
- "我最好不失败。"
- "我最好可以在规定期限内拿出成果。"
- "我最好可以满足周围人的期待。"

进一步否定绝对要求

在肯定相对愿望的同时，坚决否定绝对要求也很重要。也就是说，明确宣布"必须如何的理由不存在"。

竹中（52岁，男性）在一家大型精密机械制造企业的质量管理部门担任副部长。通过交谈我发现，他有一种错误的思维方式，认为"我必须做一个关心部下的上司，如果部下对自己不理不睬，作为管理者就是失职的，那样的话我可受不了"。

那么首先让我们肯定竹中的"绝对愿望"作为相对愿望的价值，然后"否定绝对要求"，将其替换成正确的思维方式。可解答如下：

- ◆ "作为上司，能够为部下着想十分重要，我最好可以做到。可是，我没有理由必须做到。"

竹中还有一个观点，那就是："我作为部下，必须时刻满足上司的期待。否则我作为一个组织里的人是不合格的。"他的"必须"型思维方式如果按照刚才的观点替换成正确的思维方式的话，应该就是："作为部下，时刻让上司满意是非常理想的状态。可是，绝对要做到的理由并不存在。"

对照泷口的例子，替换之后的结果就是：

- ◆ "我最好可以完成任务，但我必须完成的理由并不存在。"
- ◆ "我最好能避免失败，可我绝对不可以失败的理由并不存在。"
- "我最好能在规定期限内拿出成果,但必须拿出成果的理由并不存在。"
- "我最好可以满足周围人的期待,但是必须满足这种期待的理由并不存在。"

认识到坏的结果可能发生

我们确认了正确的思维方式的重要因素,要将目标、价值、志向等作为"相对愿望",也就是将其作为相对的事物加以看待,同时要对绝对要求进行坚决否定。在这里,接受相对愿望也许无法实现这一事实也十分重要。也就是说,要认识到坏的结果也有可能发生。从现实来看,有时无论怎么努力奋斗,也无法取得好的结果。世上没道理的事情和自己无法掌控的事情比比皆是。有时无论多么强烈渴望和努力,也无法如愿以偿。

我们用竹中先生的例子思考一下。他一直抱有一种"我必须做一个关心部下的上司,如果部下对自己不理不睬,作为管理者是失职的,那样的话我可受不了"的错误思维方式。从肯定绝对作为相对愿望的价值以及否定绝对要求的观点出发，就变成"作为上司，关心部下十分重要，如能做到将再好不过。可是，我没有理由必须做到"。在此，我们承认坏的结果可能发生，为此加上一句"现实点儿的话，考虑不周的情况也是常有的"。

竹中还认为"我作为部下，必须时刻满足上司的期待。否则作为一个组织里的人，我是不合格的"。认识到坏的结果可能转换成正确的思维方式，想法就变成"作为部下，满足上司的期待是非常理想的。可是，我没有理由必须做到那样。事实上，也有做不到的时候"。

"必须"型思维方式，是一种不现实的思考，它否定了绝对要求有时无法得到满足这一坏结果发生的可能性。因为是绝对"不可以发生"的事情，所以就真以为不可能发生、不会发生了。

现实地评价坏的结果

正确的思维方式很重要的另外一个要素是，现实地评价坏的结果。只要对设想到的坏结果进行冷静而现实的分析，就会发现其实这些风险都是可以接受的。如前所述，面对坏的结果，不一味地下定论，认为那是难以承受的悲剧，不抱有错误的思维方式非常重要。

如果用泷口先生的例子考虑的话，"完成上司交办的任务"，并且"不失败"当然是再好不过的。可是，即便无法实现，也要想到"这并非世界末日"。事实上这个世界也不会就此终止。可以在期限内拿出成果，能够满足周围人的期待，当然最理想了，但即便无法做到，太阳还是会照常升起。

在期限内拿不出成果的话，究竟会有什么情况发生呢？满足不了期待的话，现实当中又会发生什么呢？也许周围会有人牢骚抱怨，可能自己的名声也会下降。虽然不常发生，但说不定会被解雇（就算严守期限并满足周围人的期待，也有可能遭遇裁员，这个时代就是这样）。当然这些绝不是理想的情况。可是，这些情况真的是"无论如何绝对无法承受的风险"吗？这些当然是不受欢迎的风险，可是即便真的发生了，也死不了人，世界末日也不会来临。只要深入思考下去，这些情况都是可以承受的风险。只要这样思考，就能够把错误的思

"相对愿望"思维方式

- 完美地做好工作非常理想，可是必须做到的理由并不存在。事实上也有做不到的时候 ➤ **无条件地接受自己**
  - 现实地接受真实的自己
  - 承认自己并不完美

- 他人不批评我再好不过了。可是绝对非那样不可的理由并不存在。事实上别人也有批评我的时候 ➤ **无条件地接受他人**
  - 接受真实的他人
  - 并非要喜欢对方或原谅其行动
  - 现实地接受不完美的他人

- 如果有好的环境等着我，那就非常理想了。可是，必须那样的理由并不存在。事实上有时并非如此 ➤ **无条件地接受现状**
  - 无论是否喜欢，都要现实地接受不完美的条件本身
  - 这是不仅不会让人放弃，还会让人开始着手改善状况的重要出发点
  - 不接受问题的存在，就无法站在解决问题的起点上

图23 三个"接受"

维方式转换为正确的思维方式。

具体来说，与"绝望悲观"型思维方式相对的正确的思维方式是认为"不希望发生，但即使发生了也并非世界末日"的"希望期待"型思维方式。

取代"耐性缺乏"型思维方式的是"不欢迎，但可以承受"的"耐心有韧劲"型思维方式。

取代"指责/自卑"型思维方式的是"没有谁百分之百不好"的"容忍接受"型思维方式。

相对愿望是契合时代的高效思维方式

如果采纳相对愿望这一"理想"思维方式，那么即使期待的事情没有实现，也不会产生任何矛盾。当然，结果不如意，人很难心情愉快。但是，因为既没有发生不该发生的事情，也不是做了不该做的事情，所以不会像持有"必须"型思维方式那样，要面对难以妥善解决的悖论。只要抱有相对愿望，就算结果不理想，期待的事情未能实现也不过是原本就可能发生的事情发生了而已。这样想的话，即使不走运，未能取得好的结果，人们也可以继续珍惜并坚持目标、志向、价值。如此一来，即使遭遇了不尽如人意的现实，也可以持续顽强地发挥自己拥有的实力。

只要持有正确的思维方式，就能从失败的不安中挣脱出来，也就可以将精力集中于目标的实现和问题的解决上。其结果就是，可以期待，胜算自然有所提高。

所以说，以"最好能够"这一相对愿望为原点的正确的思维方式，才是适合在不确定因素众多的当下社会生存的高效思维方式。

专栏 正确的思维方式与干劲的关系

"把绝对要求替换成相对愿望，那岂不是会放松为实现目标所做的努力吗？"这是我准备在企业培训中引入强化心理韧性的技能时经常遇到的提问。这一常见问题的答案是"不会"。

凭经验来说，这个常见问题似乎有一定道理。如果我们举晋升考试这一具体事例来解释的话，这个提问就变成了"我一定要通过晋升考试"不是比"我最好能通过晋升考试"体现出的努力程度更高吗？的确，从"一定要"和"最好能"这两个表达方式来说，可以认为"一定要"表达的意志更为强烈。也就是说，只要表达的意志更加强烈，那么为实现目标付出的努力也就更多。可是，"一定要"这一绝对要求，从某种意义上来说也可以说成是带有胁迫性的负面动机。上述提问认为"'最好能'听起来像是在说别人的事请，怎么可能非常努力呢"。

"最好能"不等于"努力程度不够"

可是,一边想着"必须通过晋升考试",一边放松应有努力的情况就没有发生的可能吗?事实上非常有可能。因此,首先希望大家能理解,抱有"必须"型思维方式与为实现目标所做努力的程度未必是成正比的。相反,认为"最好能"却尽最大努力,这种情况也非常有可能发生。所以,那种认为抱有"最好能"想法者不会非常努力的观点未必是正确的。从另一方面来说,这一问题被提出,不正是由于存在"从'一定要''当然应该做到'等负面动机中寻找让人努力的唯一依据"这种倾向造成的吗?

错误的思维方式带动的努力效率低下

正因为"最好能",所以才能够做出十足的努力。事实上,即使做同样努力,带着"最好能"的想法去努力,一般效率会更高。一旦认为"必须要",从胁迫观念出发,或许也会在一定程度上做出努力,但由于这是因陷入恐慌,或勉强为之,或受到万一落榜的不安困扰条件下做的努力,所以效率低下的情况十分常见。也可能由于过分担心落榜,而采取放弃考试这种负面行动。更别说万一落榜,等于不该发生的事情变成现实,就会变成绝望而无法承受的悲剧。这样一来就会责怪自己,情绪低落的概率就会变高,有可能连再挑战一次的念头都打消。

正确的思维方式+十足努力

另一种情况是,一边想着"我最好能通过晋升考试,可是没有理由必须通过",一边为之拼命努力。此种情况应该更能让人放松学习,也会让人进行必要的休息,所以效率应该会提高,同时可以避免出现"不安"这一坏的负面情绪。通过"担心"这一好的负面情绪,也应该可以使人更加努力。假设最后落榜了,也只是理想的结果未能实现而已,自然不用品尝绝望到难以忍受的悲剧的滋味。这样的话,应该也会使人燃起再次挑战的念头。一个人只要在肯定价值、目标与志向的同时,不对自己提绝对要求,就会更加用功,而且不会失去努力的劲头。

步骤 ❹　选择好的负面情绪，采取正面行动

培养正确的思维方式，建立正面行动的习惯

高杉派提高心理韧性理论的最后一个步骤就是，通过拥有前面讲解的正确的思维方式，选择"好的负面情绪"与"正面行动"。

只要拥有扎根于相对愿望的正确的思维方式，即使置身于压力条件下也能够自然而然地选择"好的负面情绪"。不会"愤怒"，而是"不快"；不会"情绪低落"，而是感到"悲伤"；不会"不安"，而是"担心"；不会有"罪恶感"，而是"自责"。这样一来，自然就可以采取有利于状况改善的正面行动了。

即便头脑中理解了，一开始错误的思维方式和坏的负面情绪还会出现，这也是没有办法的事情。关键在于我们每次都能意识到，并且有意识地选择正确的思维方式。反复练习很重要，通过这种努力，就能够

当场切断坏的负面情绪，当然再也不用受坏的负面情绪的拖累和困扰。首先，我们应该以此为目标，努力将实践心理韧性强化培养成一种习惯。

下面我们通过具体的事例对"以正确的思维方式为基础，选择好的负面情绪与行动"的第4个步骤进行考察。

渡边（31岁，男性）在一家综合商社的金属资源部门工作，是一位认真的营销人员。他面对竞争日益激烈、业务指标加大的现状，陷入了错误的思维方式——"我必须满足顾客要求。否则顾客马上就会倒向竞争对手公司那边。那将是世界末日，糟糕到了极点！"

这是一个发生什么都不稀奇的不确定的时代。一不小心就会被不安情绪压垮，或是遭遇挫折就会情绪低落，被深深的罪恶感笼罩。渡边应该如何控制他所面临的压力呢？

正确的思维方式、情绪、行动的连锁反应

渡边先生应该采取的正确的思维方式、情绪、行动

的连锁关系如下。笔者在括号中做了讲解。

- "顾客感到满足是再好不过的了,为此付出努力十分重要。不过让顾客绝对满意的理由不存在,归根结底这只是非常理想的状态而已。"(首先,一边肯定价值与志向,一边将其定位为相对愿望。在此基础上否定绝对要求,再一次确认相对愿望。)
- "无论什么样的顾客都让其完全满意是非常困难的。其中,有的人会毫无道理地倒向竞争对手公司。"(认识到了可能有不好的结果。也就是说,正在进行现实的思考。)
- "假设由于我无法完全满足顾客要求,而导致其倒向竞争对手公司,不用说,这将非常令人悲伤,同时也是巨大的损失。但是,这不过是可能发生的事情发生了而已,并非世界末日,更不能说明我是一个没有价值的人。"(在选择"悲伤"这一好的负面情绪的同时,认为坏的结果虽然是巨大的损失,但是将其解释为可以承受的风险,并未因此认为现状糟糕到了极点，也没有给自己贴标签。）

- ◆ "不管怎样，追求顾客满意度十分重要，我要尽可能倾听顾客心声，争取提高顾客满意度。"（当作相对愿望，在再次确认志向与价值的同时，正朝着采取有利于状况改善的好的行动方向迈进。）

渡边只有采取这样的合理思维方式，才能够增加战胜心理压力的可能性。工作中难免会有压力，没必要因为错误的思维方式放大逐渐逼近的压力。就算情况不发生改变，通过采取正确的思维方式，也是可以减轻压力

正确的思维方式

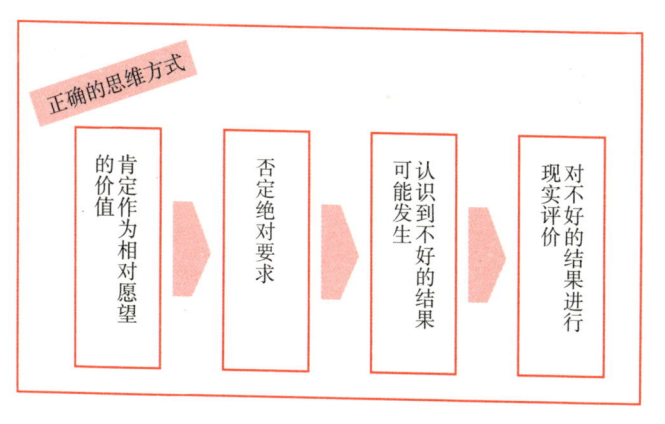

| 肯定作为相对愿望的价值 | 否定绝对要求 | 认识到不好的结果可能发生 | 对不好的结果进行现实评价 |

图24　正确思维方式的要素

的，这就是高杉派心理韧性技能。

理论篇内容到此结束，实践篇将列举个别事例，以进一步加深大家对笔者前面讲解的理论的理解。

正确的思维方式

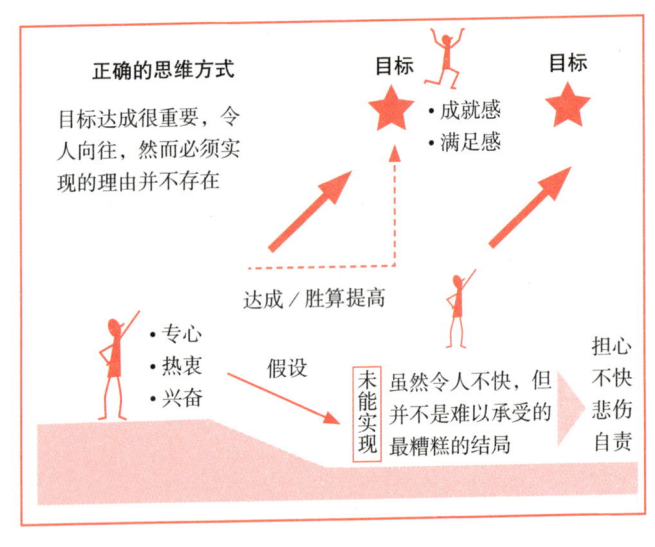

目标达成很重要，令人向往，然而必须实现的理由并不存在

- 专心
- 热衷
- 兴奋

达成/胜算提高

目标
- 成就感
- 满足感

目标

假设

未能实现 虽然令人不快，但并不是难以承受的最糟糕的结局

担心
不快
悲伤
自责

图 25 "相对愿望"的效用

专栏 成果主义的陷阱

引入成果主义的背景是泡沫经济的破灭

随着泡沫经济的破灭，直线上升的经济景气一去不复返，以此为契机，20世纪90年代，日本众多企业引入的薪酬与人事制度正是"成果主义"的做法。每一个员工设定各自的目标，组织在此基础上根据其完成度进行评价的目标管理方法就是成果主义最为常见的手法。在业绩未上升的情况下，工资越涨越高的情况已经不再可能发生。很多企业企图通过引入成果主义，在促进员工干劲的同时提高组织的竞争力。

偏重结果的弊端也随处可见

可是，随着成果主义的不断引入，本来用来提高员工干劲和组织竞争力的这一制度的弊端也开始显现。

例如：

- 高效职员被实现目标的压力压垮。
- 有的人流于形式，设定能够轻松实现的简单目标。
- 只考虑实现自己的目标，职场出现矛盾。
- 由于过于恐惧失败而变得不愿挑战高的目标。
- 上司给自己看着不顺眼的部下分配不容易出成果的工作。

……

各种问题都暴露出来。一旦变成只重视结果的所谓的指标主义，标榜"促进员工干劲的同时提高组织竞争力"的成果主义本来的大义名分也就不复存在。此时崭露头角的就是将拿出成果的过程作为评价对象的"胜任力"这一概念。

引入胜任力过程中的课题依然不少

所谓"胜任力"，指的是成绩优秀的员工采取的行动。有时也被译作"思维、行动特性"。引入这一概念旨在通过模仿这种胜任力，提高公司业绩。可是，"胜任力"也绝不是万能解药。这个概念也存在各种各样的问题。

例如：

- 何种思维与行动特性对取得成果有帮助，能够准确定位吗？
- 就算已准确定位，其他员工又能否学会？
- 即使学会了，现实当中能够一直坚持下去吗？
- 没有高效员工的全新业务怎么办？
- 在评价过程与结果时，如何保持平衡？
……

事实上，庆应义塾大学商务学院的高木晴夫教授开展的问卷调查结果也显示，几乎没有企业回答，通过引入"胜任力"，员工业绩得到了提高。

成果主义的成功需要培养良好的心理韧性

无论如何，估计成果主义今后也将在对目标管理与胜任力的试错过程中被继续推广。在追求成果主义的过程中不应该忘记的是，不管设定了哪种目标，或者模仿何种胜任力，在充满不确定因素的经营环境里，都要培养完成业务的顽强品质。这是因为，只有在面对不知能否完成的高目标时，依然能够不畏失败，果敢地进行挑战，并灵活地学习新的技能与行动方式，保持有韧劲地将任务执行下去的顽强品质，才是面向长期取得成果所需要的重要技能。

笔者认为，心理韧性的强化技能，对个人、对组织来说，都是在充满不确定性的时代最需要的技能之一。没有心理韧性强化技能的提高做支撑，成果主义的推进终将面临巨大障碍。

实践篇
通过案例分析强化心理韧性

案例学习 ❶ 跨越愤怒

案例 1-1
被上司当众斥责

组织当中离不开上下级关系，而上级难免"斥责"下级。斥责原本是上司用来让部下认识到问题所在，促其改进的手段，可是，稍不留神就会成为诸如毫不留情地谴责或对其人格进行诽谤的、完全情绪化的单方面攻击。从劳动环境来看，一方面企业裁员等造成员工减少，另一方面由于竞争日益激烈导致工作量越来越多。不正是因为过于繁忙，工作上的失误才会相应增加吗？面对斥责，有的人可能情绪低落，而有的人则可能大动肝火。

在大型精密机械制造企业工作的中村（32岁，男性），好像是后一种类型。愤怒可能的确是职场常见的坏的负面情绪之一。

麦肯锡情绪管理课

失败案例 怒火中烧

在中村的座位，上司涩谷课长正在训斥他。涩谷很不耐烦的样子，中村也满脸不快。

涩谷： （当着其他同事的面，不耐烦地大声说）中村，你写的报告书里出现了简单的计算错误，而且竟然有两处……拜你所赐，我可是在公司领导面前把脸丢尽了。今天之内把错误改好了拿给我！知道了吗？开什么玩笑啊，你又不是新员工……

中村： （深受打击的样子）还真是……非常抱歉。我马上重做。（涩谷课长离开）

半田： （坐在旁边座位，入职早于中村）这到底是怎么了？

中村： （边看报告书边说）我竟然会犯如此愚蠢的错误，简直难以置信！（对自己十分生气的样子）

半田： 喂，谁都有犯错误的时候。别介意，别介意。

实践篇 通过案例分析强化心理韧性

中村： 我好歹也是专业人员。这种错误是绝对不该发生的。我真是又蠢又笨……（愤怒一时难以平息）

半田： 不要过度责怪自己。（离开座位）

中村： （心里想）涩谷课长也真是的，至于在大家面前把我批得那么狠吗？课长也让人生气，作为领导太不合格了。

受到上司斥责的中村好像不只对自己，对上司也感到巨大"愤怒"。情况为什么会变成这个样子呢？接下来让我们和中村本人一道，一边分析他的错误思维方式，一边摸索改进的方案。

指导 问题出在哪里

×把"愤怒"指向自己，结果给自己贴上了标签

高杉： 中村先生，现在感觉怎么样？

中村： 不怎么样，简直气死我了。

高杉： 你现在似乎特别愤怒啊，你的愤怒针对的是谁呢？

中村： 犯下简单错误的自己，还有在同事面前斥责我的涩谷课长。

高杉： 好像确实如此。由于感到强烈愤怒，你首先给自己贴上了"又蠢又笨"的标签。

中村： 我真是这么认为的。我简直笨死了。

高杉： 中村先生，我现在觉得自己像一只青蛙，你看我又蹦又跳的。（像青蛙一样在地上跳来跳去）

> **实践篇** 通过案例分析强化心理韧性

中村： 老师，您这是在做什么？

高杉： 因为我感觉自己像青蛙，所以我就是一只青蛙。

中村： 您怎么可能是青蛙呢？啊！老师我明白了，您想说的是，自己认为的事情未必与事实相符，对吧？

高杉： 没错。给自己贴"又蠢又笨"的标签可以说是典型的"指责/自卑"型思维方式。你犯了错误，这是事实。可是，仅仅因为这个就下结论说自己完全是一个"没价值的人"，无论怎么看都不够理性。仅凭一次行动对人进行全面评价不是什么好事。就算做错了事情，也不能把"错误"与"当事人"画等号。

中村： 是啊。不过我确实觉得自己"又蠢又笨"。

✕ 认为自己犯了不该犯的错误，所以给自己施加了心理压力

高杉： 那么，为什么你会对自己有那么强烈的"愤怒"感呢？

中村： 那是因为，不用课长说，是我自己犯了连新入职人员都不会犯的低级错误。

089

高杉： 也就是说，你一方面自认为是专业人员，另一方面却犯了绝对不该犯的错误，所以才会感到格外"愤怒"。

中村： 是的。

高杉： 绝对不能做的事情却还是做了，在心理上肯定十分痛苦。就好像用力同时踩下汽车油门和刹车时的感觉。

中村： 是的，我就是这样的心情。

高杉： 就像刚才你自己分析的那样，事实上，你感到愤怒的根源在于"必须"型思维方式。这是一种非常不健康的思维方式。

中村： "必须"型思维方式？

高杉： 是的。虽然没有清楚意识到，但诱发愤怒、罪恶感、情绪低落等坏的负面情绪的根源几乎无一例外，正是因为有某种"必须"型思维方式在作怪。中村先生你好像觉得自己绝对不该犯错误，所以一旦犯了错误，就会陷入一种"做了不该做的事情"的无法妥善解决的巨大矛盾。

中村： 哦，是吗？原来诱发愤怒的根源在于"必须"型思维方式……

高杉： 没错。这种愤怒的源头是"像我这样的专业人士绝对不能犯低级错误,如果犯了,那我就是一个大笨蛋"这样不健康的思维方式。这个用更为一般的表达方式来说的话,就是从"自己必须完美"的"必须"型思维方式派生出来的。

✗ 由于愤怒,自己对上司有了采取负面行动的想法

中村： 原来如此。那么我对涩谷课长的愤怒也可以认为是一样的道理吗?

高杉： 嗯。可以认为是同一种类型的思维方式。

中村： "必须"型思维方式吗?

高杉： 在这个案例中,你认为存在什么样的"必须"型思维方式?

中村： 比如说"上司不该当着大家的面斥责部下"之类的……

高杉： 你说得很对。假设你对上司有这样一种绝对化的要求,一旦上司那样做了,就等于上司做了绝对不该做的事情,就成了你的巨大"愤怒"的对象。

中村：	原来如此。原来这里也有产生"愤怒"的原因——绝对化要求。

高杉：	除此之外,以这种"必须"型思维方式,你还可能产生诸如"做上司的应该时刻关心部下""做上司的应该时刻体察部下的内心"等想法。换句话说,你一直在要求上司必须完美。

中村：	您这么一说,还真是……

高杉：	对上司的愤怒最后让你更有可能采取严重的负面行动,例如给上司贴上"不称职"的标签,说不定还会到处说上司的坏话等。

中村：	那样可不好。如果到处说坏话,我自己的名声也会受损的。

高杉：	是啊。"愤怒"这种负面情绪容易引起负面行动。所以它与不安、情绪低落、罪恶感、伤心、嫉妒等一样,都是"坏的"负面情绪。

实践篇 通过案例分析强化心理韧性

指导该怎么办

√接受不完美的自己和上司

中村： 您帮我做了种种分析，让我受益匪浅。那么具体来说，我该从何做起呢？

高杉： 首先，要接受自己和上司涩谷课长都是"不完美的存在"。

中村： 啊？您说的是什么意思？

高杉： 不用那么紧张。你只要认为"不完美的人是存在的"就可以了。人都是不完美的，因为有血有肉，所以都会失败，也会犯错。请你姑且接受人并不完美这个道理。

中村： 这个我明白。不过也有绝对无法原谅的时候吧？

麦肯锡 情绪管理课

高杉： 问题不在于原不原谅，我更没有说让你一定要喜欢对方。首先不要急于评价，你只需要认识到存在无法满足你绝对要求的不完美的人就可以了。

中村： 这样的话，我觉得自己做得到。我能够认同存在做出"无法原谅的行为"的不完美的人。

高杉： 把对人本身的评价与该人的行为区别对待非常重要。

√摒弃"愤怒"，选择"不快"

高杉： 首先不做评价，在承认存在不完美的自己和课长的基础上，请你摒弃"愤怒"，选择"不快"。

中村： 用"不快"替代"愤怒"吗？不过人的情绪能够那么简单地进行选择吗？即便不是这样，我也不擅长选择，比如吃午饭的时候，我就每天都在犹豫是选A套餐还是B套餐……究竟"愤怒"与"不快"有什么区别呢？二者不都是负面情绪吗？

高杉： 选择情绪这一观点在心理压力管理中十分重要。就像你说的那样，没错，"愤怒"与"不快"都是负面情绪，不过，希望你能认识到"愤怒"是

实践篇 通过案例分析强化心理韧性

坏的负面情绪,"不快"则是好的负面情绪。

中村: 负面情绪也有好坏之分吗?

高杉: 是的。你的例子也清楚地表明,"愤怒"是容易诱发负面行动的情绪,所以是"坏的"负面情绪。而"不快"则是"好的"负面情绪,是可以让人选择有利于改善局面的协商与折中等正面行动的原动力,所以希望你能选择"不快"。

√实践"愿望"型思维方式

中村: 不过,选择情绪也太难了。

高杉: 是啊。改变一个人的情绪恐怕并不容易,所以从思维方式入手就好了。

中村: 这是一种"必须"型思维方式吧。

高杉: 嗯。你一直认为"自己绝不能犯错误"。于是犯了错误就等于自己做了绝对不该做的事,所以你才会面对巨大矛盾。这可真是一个"难以承受的悲剧"。你对上司涩谷课长也抱有同样的想法。结果就是,你对自己和课长都感到十分"愤怒"。

中村： 原来如此。究其根源,"愤怒"的原因就在于持有"必须"型思维方式。那么,我该如何抛弃"必须"型思维方式呢?我是不是将错就错地认为"犯错误没什么了不起的"就行了呢?

高杉： 不是的,绝不是这样。将错就错不可取。因为一旦将错就错,就等于你放弃了自己的价值观与追求。另外,就算别人让你"将错就错",也不是那么容易就能做到的。

中村： 的确是这样。那么该怎么做呢?

高杉： 将价值观与追求作为强烈的"愿望"加以肯定。

中村： 啊?您说的"愿望"是指什么?

高杉： 开门见山地说,就是要认为"自己不犯错误是非常令人满意和向往的"。

中村： 原来如此。这样一来,即使放弃了绝对化的要求,看样子也可以继续保持自我价值与追求。

高杉： 再进一步说,要用"我没有理由'一定不可以'犯错误"的想法否定绝对化的要求。这绝不是说可以犯错,终究还是不犯错误最好,所以只需否定"必须"这一绝对化要求。

实践篇 通过案例分析强化心理韧性

中村： 确实，肯定是不犯错误最好。

高杉： 是的。不过，没有理由让人"一定不可以"犯错误。无论罗列多少不犯错误的好处与犯错误的坏处，都只是增加了不犯错误的理想程度而已，而得不出"不可以"犯错误的结论。下结论说"必须"如何如何，是逻辑上的巨大跳跃，只不过是一厢情愿而已。

中村： "必须如何如何"真是缺乏逻辑的确信。

高杉： 只要把实现目标看成是"令人向往"的，那么即使做不到，也不意味着发生了不允许发生的事情。当然了，未能做到固然令人不快，但是不会产生难以妥善解决的矛盾。虽然遗憾，但也不过是令人向往的事情未能实现而已。

中村： 原来如此。这样想就可以不必"愤怒"，只是"不快"罢了。这样的话我应该做得到。

成功案例：以"不快"渡过难关

涩谷： （当着其他同事的面，不耐烦地高声说）中村，你写的报告书里面有简单的计算错误，而且竟然有两处……拜你所赐，我可是在公司领导面前把脸丢尽了。今天之内把错误改好了拿给我！知道了吗？你开什么玩笑啊，又不是新员工……

中村： （深受打击的样子）还真是……非常抱歉。我马上重做。（涩谷课长离开）

半田： （坐在旁边座位，入职早于中村）这到底是怎么了？

中村： （看着报告书，以低沉的语气说）我竟然犯了这么愚蠢的错误，难怪涩谷课长会发火。更何况还让他在公司领导面前蒙羞。

半田： 人都是会犯错误的。

实践篇 通过案例分析强化心理韧性

中村： 可是，这个计算错误显然是粗心造成的。我得认真接受自己没看出来这个事实。（心里想）犯错误终究不是好事。可是，话虽如此，也不意味着我自己就一无是处。下次再注意一点儿吧。或许是睡眠不足造成的，看来我的生活应该再规律一些。

半田： 别对自己太苛刻了。（离开座位）

中村： （面露不快地自言自语）不过，在同事面前挨骂实在太不爽了。话又说回来，涩谷课长也不是完人，况且他作为上司对部下还是很好的。他可能也在后悔不该在众人面前训斥我。总之，尽快重做吧。今后可得更加注意了。

总结

中村先生成功地避免了"愤怒"情绪,他最后似乎采取了正面行动。首先,认识到了犯错误的自己的愚蠢。然后,又站在上司的立场上,理解他的心理,想到"上司发火也不是没有道理"。他的应对方式堪称十分冷静。

另外,中村巧妙地回避掉了"指责/自卑"型思维方式。他选择了更为现实与妥当的思维方式——"尽管犯错误不是什么好事,但仅凭这一点也并不能说明我是一个毫无价值的人"。这是由于中村没有选择"愤怒",而是选择了"不快",因此他才得以选择"以后更加注意""保持充足睡眠"等合理行动。与让自己规避"指责/自卑"型思维方式一样,中村调整好了对上司的思维方式,最后能够体谅上司,认为"或许他也在后悔不该在众人面前训斥我"。

我们需要确认的是，这些好的负面情绪和正面行动之所以能够成为可能，就在于其背后存在着诸如"最好可以不犯错误""最好可以不挨骂"的"愿望"型思维方式。

案例 1-2
优秀部下提出辞职

许多企业 10 年前还说要誓死确保用工数量，如今却陷入不可避免的裁员境地。在引入提前退休制度后，由于提出申请者之多超出预期，所以有的企业为支付退休金而伤脑筋，有的企业则出现了许多优秀员工辞职不干的情况。

不管有无自愿退休制度，优秀且高志向的员工跳槽的情况早已有之。即使理解当事人的心情，一旦离职者是自己的得力部下，对于上司来说，有时恐怕也难以保持平常心，可能还会大发雷霆。

藤井（48 岁，男性）是一家大型电子机器制造企业研究开发部门的负责人。他是一位很体贴部下、彬彬有礼的资深职场人士，但他因为拥有优秀部下而产生的烦恼也不少。

实践篇 通过案例分析强化心理韧性

> **失败案例**
>
> **优秀的部下突然提出辞职**
>
> 藤井正在和直属部下三宅一起开会。三宅似乎有重要的事情要告诉藤井,不过好像不是什么好消息。我们来听听两个人都说了什么。

三宅: 实在难以启齿,其实我已经决定干到本月底就辞职。在职期间承蒙您多方关照,深表谢意!

藤井: (事出突然,不知所措的样子)你怎么一句话也没跟我商量就突然提出辞职?!你想辞职,我绝对不会答应。岂有此理!你的行为是对我的背叛!

三宅: 您要是这么想的话,我非常遗憾。对于迄今为止您对我的帮助,我感激不尽。

藤井: (焦躁不安)尤其是对你,我可没少关照,这些你都忘了吗?你的良心去哪儿了?

三宅: 您这么说,我深感遗憾。不过我想自己应该去做自己认为正确的事情,所以……

103

藤井： 你这个家伙真是太自私了！

三宅： （非常悲伤）我接下来要向人力资源部门告知辞职的想法，就此告辞了。（起身离开）

藤井： （抱着脑袋自言自语）这算怎么回事嘛！这样的家伙我恨不得让他在这个行业里干不下去。他这么一走，重要项目的进展岂不是更要延后了？不过话说回来，我为什么没有觉察到部下要辞职呢？我怎么这么笨！原本就不该把这么多研究员的管理工作都推到我一个人身上，公司也真是的！

实践篇 通过案例分析强化心理韧性

指导 问题出在哪里

藤井对部下忽然提出辞职感到强烈"愤怒",其结果就是,做出了非常冲动的反应。下面让我们盘点一下他的思维方式、情绪、行动存在的问题,在此基础上试着提出改进措施。

×提出了"不能恩将仇报"的绝对要求

高杉: 藤井先生似乎对突然来告知要辞职的部下感到强烈的愤怒啊。

藤井: 嗯。说实话,我非常生气。

高杉: 是吗?那么为什么你会对部下感到强烈的愤怒呢?

藤井: 那还用说吗?他可是出人意料地把辞职信摔到我桌子上的啊。他这可是忘了进公司以来我悉心帮助他的恩情,只优先考虑自己愿望的自私行为。太过分了,让我颜面尽失,这是职场人士不应该做的事情。我觉得作为人,他也不够格。

高杉: 不过,你也觉得发火不是一件好事对吧?

105

藤井： 当然了。可是我是沾火就着的那种人,虽然想把火压住,但发火也是没办法的事情,谁能想到突然出了这么一档子事儿呢。

高杉： 前些天发生了同样的一件事情,不过与你处于同一立场的A先生可是以平常心处理的。

藤井： 那是天生的性格差异,所以根本没辙。

高杉： 确实,我认为存在先天因素。你觉得所谓性格究竟指的是什么呢?

藤井： 你说性格吗?是啊,究竟什么是性格呢?

高杉： 所谓性格,可以说指的是思维、情绪、行为模式。思维、情绪、行为是相互影响的。所以,即使面对同一种情况,或许由于思维方式不同,A先生保持了平常心,而你却感觉到了愤怒。因为如果情绪是由状况直接诱发的,那么只要状况相同,人就应该拥有同样的情绪才对。

藤井： 那么,我采取的是什么样的思维方式呢?

高杉： 刚才,你解释说,你的部下出乎意料地把辞职信摔在了桌子上。他忘了进公司以后你对他多方帮助的恩情,采取了只优先考虑自己愿望的自私的行动,损害了你的面子。

藤井： 不是我要这么解释，事实如此。

高杉： 嗯，你对现状做了如上的认识。可是，为什么这些事实会诱发你的愤怒呢？

藤井： 这还不清楚？因为他做的事情全都是"不应该做的"。

高杉： 没错。这样一来，你不觉得，与其说你的愤怒是由"事实本身"诱发的，还不如说是事实背后的思维方式，即"必须"型思维方式诱发的才更为准确吗？

藤井： 也就是说，认为他"做了不应该做的事情"的思维方式吗？

高杉： 是的。"他不应该忘记进公司以来我帮助他的恩情"，"他不应该优先考虑自己的愿望"，"他不应该做事自私"，"他不应该损害我的面子"，也就是说，"他不应该恩将仇报"这些思维方式。换言之，如果没有默认的前提，前面的"事实"就不会导致你感到强烈的愤怒了。

藤井： 理论上来说的确是这么回事。

高杉： 我把这种绝对要求称为"必须"型思维方式。

> ✗ 由于把被人"恩将仇报"看成最糟糕的情况，所以攻击了对方的人格

藤井：原来是"必须"型思维方式啊。我想了想，迄今为止我一直是用"必须如何如何"为自己制造努力的动机。

高杉：日本的职场人士大部分不都是这样吗？我感觉大家一直都在把"必须"型思维方式作为维持努力动机的唯一依据。

藤井：这样有什么不对吗？认为"必须去做"的话，不是更有利于提高努力工作的积极性吗？

高杉：某种程度上或许可以这么说。但是，如果正如字面上所说的那样，"必须"是绝对要求的话，情况又会如何呢？若是那样，"必须"就成了让人产生巨大心理纠葛的自我毁灭式的思维方式。

藤井：您说"必须"是自我毁灭式的思维方式？这话怎么讲？

高杉：我具体用"人不能恩将仇报"这一绝对要求来解释一下。在听你讲话的过程中，我感觉你有相当强烈的"必须"型思维方式。

实践篇 通过案例分析强化心理韧性

藤井： 啊？是吗？然后呢？

高杉： "人不能恩将仇报",无论你多么强烈要求这样,现实当中人们能满足你的要求吗？

藤井： 这个嘛,有时候能,有时候不能。

高杉： 也就是说,从可能性来说,人们做"不该"做的事情是常有的事,是这样吗？

藤井： 是啊,作为可能性来说是。

高杉： 就现实情况而言,不该做的事情做了,不该发生的事情发生了或可能发生。这你怎么看？

藤井： 这莫非就是您所说的"巨大的心理纠葛"吗？

高杉： 没错。这是很大的一个矛盾,而且是无法得到妥善解决的悖论。虽说"人不该恩将仇报",可是假设你的部下恩将仇报了呢？

藤井： 那等于发生了不应该发生的最糟糕的情况。

高杉： 是的。结果呢,你产生了什么样的情绪？

藤井： 愤怒。

109

高杉： 这种情绪又会带来什么样的行动呢?

藤井： 我对部下大发雷霆,因为我火了。

高杉： 你甚至还攻击了部下的人格,说他"良心去哪儿了"。你给部下的人格贴上了标签。

藤井： 明白了。原来让我感到愤怒并给部下贴标签的根源在于我有"必须"型思维方式。

高杉： 是的。因为你觉得出现了最糟糕的情况,所以对于造成这一最糟事态的部下,你攻击了他的人格。这样一来,你就没有了解决问题或是控制损失的余地。

× 矛头还对准了自己和公司

藤井： 您说得很对。

高杉： 愤怒是容易导致攻击的坏的负面情绪。藤井先生,除此之外您有一个人自言自语地攻击过对方吗?

藤井： 嗯,我说过"真想让他在业内混不下去"之类的话。

实践篇 通过案例分析强化心理韧性

高杉： 你这是要干吗？难道还要向熟人到处说他的坏话吗？你要是这么做了，自己的名声也会受损的，那可不太划得来。

藤井： 确实如此……

高杉： 还有，你不仅把愤怒的矛头对准了部下三宅，也对准了你自己，责怪自己怎么就没事先觉察到。这么说的背后就是由于你有错误的思维方式，认为身为上司，自己必须预知一切。这也是"必须"型思维方式。结果就是，你对自己感到十分恼火。通常来说，错误的思维方式诱发的坏的负面情绪的矛头会指向自己、他人和现状。

藤井： 这么一说，我对公司也感到非常愤怒。因为这是公司的事情，所以矛头也对准了现状。

高杉： 没错。

指导 该怎么办

√ 努力将"必须"型思维方式彻底击溃

藤井: 对于坏的思维方式的过程我已经非常清楚了。可是,究竟如何去做才好呢?我自己正在努力地尝试压制愤怒,可就是做不到。我记得在什么书上看到过,说压制或积累愤怒不好,那么我该怎么办呢?

高杉: 好像弗洛伊德派的精神分析法那样认为。不过,高杉派的心理韧性强化法主张通过击溃"愤怒"的元凶"必须"型思维方式,来避免愤怒发生。仅仅觉察到"必须"型思维方式是不够的。要彻底地驳倒错误的思维方式,即绝对化的要求。

藤井: 怎么做呢?

实践篇 通过案例分析强化心理韧性

高杉： 首先从逻辑上加以驳斥。原本"必须"型思维方式就存在巨大的逻辑跳跃。就算某种状态十分"理想",也不存在非那样不可的理由。例如,罗列恩将仇报的坏处与以恩报恩的好处,归根结底不过只是增加了不恩将仇报的"理想"程度而已。无论在逻辑上怎么追根问底,都得不出"不可以"恩将仇报的结论。说到底仅仅是不恩将仇报更"理想"而已。

藤井： 可是,人们经常说"必须如何如何",对吧?

高杉： 嗯。原本应该是"最好""但愿"的意思,可是正如您所说,人们用的经常是"必须"这种说法。如果提出的是绝对要求,那可是自我毁灭式的思维方式,问题可就严重了。

藤井： 原来如此。"必须"型思维方式原来存在逻辑上的跳跃。

高杉： "必须"同时也是不现实的思维方式,所以请你试着从现实中能否加以证实的角度考虑一下。即使提出"任何人都不得恩将仇报"的绝对要求,现实当中也有不那么做的人,事实上你的要求有时就是得不到满足。

藤井： 可不是嘛。

高杉： 还有，你再研究一下是否有实用性。也就是说，提出"任何人都不得恩将仇报"的绝对要求，事情是否就会向好的方向发展。

藤井： 那么想会让人产生巨大愤怒，或采取消极的行动，所以真的没什么好处。

高杉： 还有，"必须"型思维方式基本上都是一厢情愿，是一种缺乏灵活性的想法，这也是它的一大缺点。

✓ 将志向定位为强烈愿望

藤井： 原来如此。所以要把绝对要求驳倒。可是，仅仅将其摧毁就行了吗？

高杉： 你这个问题问得好。在彻底摧毁"必须如何如何"这一错误的思维方式的基础上，用正确的思维方式取而代之十分重要。

藤井： 具体来说？

高杉： 不否定志向、目标、价值等，而是将它们定位为愿望。简单来说就是要持有"愿望"型思维方式。

藤井： "愿望"型思维方式？

高杉： 嗯。不是绝对要求"任何人都不该恩将仇报"，而是希望"最好任何人都不恩将仇报"。这样的话，就可以在不否定重要价值与目标的前提下，只把绝对化要求的部分丢掉。因为问题就在于绝对化要求，所以只需要把那一部分丢弃掉即可。抛弃价值与志向绝非明智之举。以恩相报很重要，因此那种认为恩情义气可有可无的想法是不对的。

藤井： 原来如此。只要选取"愿望"型思维方式，就可以只丢掉绝对化要求那一部分了。

高杉： 是的。在此基础上，尽可能明确地否定绝对化要求非常有帮助。也就是明确宣布"没有理由绝对必须那样"。只是流于表面的否定是不够的，需要一次又一次反复否定"必须"型思维方式，然后替换成"愿望"型思维方式。如果能做到，就算结果不理想，也并非"不该发生的悲剧"，因此就更有可能不必感到愤怒，只不过因为并非理想结果，所以无法感到开心罢了，可能是"不快""不高兴"吧。不过，如果是"不快""不高兴"这样的负面情绪，就可以降低引发对人进行攻击这一错误行动的概率，还有可能有余力采取诸如"协商"之类的行动改善状况。也应该有余地去考虑解决问题的办法和控制损失的方法吧。因为"不快""不高兴"是让人采取积极行动的好的负面情绪。

藤井： 原来如此。否定"必须"型思维方式，改成"愿望"型思维方式。这样即使情况困难，也能够摒弃"愤怒"，选择"不快"。只是"不快"，就不会发展成为对别人的攻击。我准备尝试一下。

高杉： 请你务必尝试一下。不过从一开始就进行完美实践并不容易，希望你能多次反复训练。这是一项新技能，反复练习非常重要。

藤井： 我懂了。

实践篇 通过案例分析强化心理韧性

成功案例：选择不快，妥善解决

三宅： 实在难以启齿，其实我已经决定干到月底就辞职。在职期间承蒙您多方关照，深表谢意！

藤井： （尽管特别震惊，但还是保持平静）喂，这也太让人意外了吧。究竟怎么回事？把理由说来听听。

三宅： 是这样的，我决定去美国费城大学的工学部从事研究和教学工作。

藤井： 费城大学啊，作为跳槽下家那里没的说。因为那里的工学部可是世界上数一数二的。你的离职让我很遗憾，而且你提出得太突然，说实话我很不高兴。但是你这个决定是正确的，我实在难以拒绝……

三宅： 能得到您的理解太好了！

藤井： 不过你要听好了，三宅，你可是重要项目的主要成员，所以你能不能考虑在团队里继续留上两三个月？我想你肯定也不希望放弃重要任务，为将来留下难以弥补的遗憾。

三宅： 当然了，我在这里工作期间您多方关照我，我会和大学方面进行协商的。接下来我要去人力资源部告诉他们我辞职的事，先告辞了。

藤井： （在只剩自己一个人的办公室里）实在太遗憾了。更何况没想到他会突然提出来，实在让人感到不快。看来今后我有必要提前掌握部下的想法。三宅离职以后的替补人选也必须提前想好。原本部下的数量就太多，管理不过来，看来我得向公司高层提出改进方案。

总结

藤井在"正确的思维方式"的帮助下,似乎已经顺利地跨越了"愤怒"情绪。情况虽然绝非理想,但他好像可以想方设法朝着积极方向控制损失。首先,藤井成功选择了"不快"这一好的负面情绪,而不是"愤怒"。他之所以能够做到,就在于他选取了植根于相对愿望的现实的思维方式,他的相对愿望就是"人最好可以做到不恩将仇报。可是没有理由让人必须那样做。依情况不同,有时也无法做到。这样我会感到不快,但情况并未发展到难以承受的地步"。

选择正确的思维方式以后,他成功选取了"不快"这一好的负面情绪,进而说服三宅作为项目组成员,暂时留在公司一段时间。藤井成功地采取了能够减轻损失的积极行动。最后,藤井没有责怪自己,而是拥有了有利于今后改进工作的想法,即"我需要更加关心部下在想什么","我得向公司高层提出改进方案"。可以说,他采取了非常好的行动。

他的成功,正是在正确思维方式的帮助下顺利克服"愤怒"的结果。

实践篇 通过案例分析强化心理韧性

案例学习 ❷ 消除罪恶感

案例 2-1
无法满足增产要求

在任何商务活动中，准确预测消费者需求都是非常困难的。虽然出现了天气金融衍生产品（作为金融衍生品开发出来的，根据提前设定好的天气条件支付赔偿金的合同）这样的救星，不过仍然不能否认，商务活动时刻处于不确定的需求环境之中。能够确保恰好符合不确定需求的供给再好不过了，可事实上的确无法保证经常能够实现。在做不到的时候，责任感越强，越有可能背负巨大的罪恶感。

清水（53岁，男性）是一家制药公司综合感冒药制造部门的负责人。他是一位有很强责任感的一丝不苟的管理者，他为自己迄今为止认真履行了制造职责而自豪。认为必须不折不扣地履行自身责任的职场人士不在少数，清水就是其中的一位。

麦肯锡情绪管理课

> **失败案例**
>
> **无法满足要求，背负罪恶感**
>
> 清水正在和一位同事——感冒药销售部门负责人金子开会。看上去金子好像正在向清水提出紧急增产要求。

金子： 感冒药还是供不应求。我已经解释过，意想不到的感冒正在流行，需求正在增加。清水先生，满足我们提出的生产要求不正是你的工作和职责吗？

清水： （有罪恶感）的确，作为生产部门负责人，我明白必须时刻支持市场营销部门，可是现在我们也正在全力以赴……

金子： 全力以赴是不够的。这边卖的产品供不应求，你们可别对我们置之不理啊。你不觉得对不起同事和公司，特别是消费者吗？你这个人难道就没有责任感吗？

清水： 当然我个人在这件事上是有责任的。（心里想：自己连"包在我身上"的话都不敢说出口，实在太没出息了……）

金子： 你把别的产品减产不就行了吗？

清水： 哎呀，那可不行，我要担责任的。

金子： 咦？你凭什么能满足别人的要求，偏偏满足不了我们的要求呢？这也太不公平了吧？你无论如何得给我想办法。（踹了椅子一脚，走出会议室）

清水： （回到自己工位，自言自语）唉，竟然无法满足金子先生的要求，我作为生产部门负责人可能不称职。我究竟该如何是好？（抱着头闷闷不乐）

面对对方坚持要求自己履行责任这一执拗的压力，清水好像产生了罪恶感。他身上产生了什么样的思维方式和情绪变化呢？接下来我们听听他本人的意见，弄清楚问题出在哪里以后，寻找需要改善之处。

指导 问题出在哪里

×认为有"必须"满足其要求的理由

高杉： 刚才清水先生直接面对的问题是什么？

清水： 我无法满足感冒药需求意料之外的增长。我也不能因此减少其他产品的生产，这是一个巨大的两难处境。作为生产部门负责人，或许是我不称职。

高杉： 原来你是因为无法满足感冒药增长的需求而感到压力巨大。

清水： 是的。

高杉： 也就是说，你认为自己"必须要满足对方的要求"对吧？

实践篇 通过案例分析强化心理韧性

清水： 没错。我强烈意识到，必须履行生产职责。

高杉： 可是，为什么你非要满足对方的要求不可呢？

清水： 因为我是生产部门负责人，有供给产品的职责。只要有需求，我就要去满足，这就是我的工作，也是我的责任。

高杉： 因为觉得"满足需求理所当然"，所以"必须满足"，是这样吗？

清水： 是的。

高杉： 可是为什么你就必须要满足需求呢？

清水： 那还用说吗？有需求却满足不了的话，等于眼睁睁地放走增加利润的机会。公司会失去销售店铺也就是药店的信任，说不定我在公司里的名声也会因此受损。

高杉： 你履行供给责任的好处和无法履行该责任的坏处我很清楚。的确如此，可为什么"非那么做不可"呢？你能做到的话非常"理想"，难道不是仅此而已吗？

清水： 或许如您所说。不过，那也只是措辞的不同而已吧？"必须满足"与"最好满足"不是一样吗？

高杉： 清水先生，这你说得就不对了。"必须"与"最好"可是完全不同的思维方式。事实上也会带来完全不同的心理效果。

清水： 二者究竟有什么不同呢？

高杉： 首先，我们需要确认的是，从现实考虑，你并不存在"必须"满足对方要求或是履行职责的理由。无论罗列多少这些实现以后的好处，或是不能实现时的坏处，都只是你如果能满足对方要求，履行职责，"非常理想"而已。认为"必须""非……不可"的想法存在逻辑上的跳跃，只是一厢情愿而已。

清水： 严格来说或许是这样。

高杉： 是的。虽然令人向往和令人满意的事情有很多，但并不存在"非这样不可"的理由。只是做到的话非常理想而已。

实践篇 通过案例分析强化心理韧性

✕ 主动背负超人一般的要求，导致自己陷入两难境地

清水： 我明白了。退一百步讲，假设世上并不存在"必须如何如何"的事情，可是，这与"愿望"型思维方式有什么不同呢？我听起来感觉都一样。

高杉： "必须"是一种无条件的绝对化要求。可是，时刻满足要求，履行责任，对并非全知全能的人来说，终究是做不到的。

清水： 可是，越是要求绝对如何如何，越说明这件事情重要啊。

高杉： 是的。所以原则上来说很重要，也就是非常理想，令人向往。

清水： 我明白了。那么"必须"与"最好"的区别是……

高杉： 在你要求自己"必须满足"对方要求，要求自己"必须履行职责"的时候，如果你无法满足对方要求的情况发生了，那就等于发生了绝对不该发生的情况。这样一来，你会感觉到那是"难以承受的悲剧"。

清水： 是啊，不该发生的事情发生了的话，那可真是糟糕透顶。我不就是因为这个才烦恼的吗？

高杉： 也就是说，总之，清水先生你对自己提出了超人般的"绝对要求"，所以等于是你自己给自己制造了发生难以承受的悲剧的土壤啊。

清水： ……啊？原来如此！

×接受了别人强加给自己的罪恶感

高杉： 金子先生发问道"你难道就没有责任感吗"，他的话向你的道德观念步步紧逼，你当时有什么感受？

清水： 嗯，我被说得无法还嘴，因为他说中了要害。

高杉： 可是，这件事本身与清水先生你的道德感是毫无关系的。因为这根本就是工作上的责任问题。

清水： 细想的话的确如此。可是，我当时没有余力去反驳他的话。

高杉： 这可能是由于你不仅认为无法增产的情况是"不该发生的悲剧"，而且你觉得，让情况如此糟糕的始作俑者正是自己，你已经感受到了罪恶感。

实践篇 通过案例分析强化心理韧性

清水： 所以我才会在金子先生质问我"你不觉得对不起同事和公司，还有广大消费者吗"的时候，没能做出反驳啊。其根源还是在于我有"必须"型思维方式。

高杉： 引出对方的罪恶感，迫使其让步，或许是很有效的手法，但不得不说这是一种犯规的谈判手段。是意料之外的需求增长造成了生产跟不上，所以冷静考虑的话，责任应该并不在你。如果非要追问谁该承担责任的话，做了错误预测的金子先生也要承担一部分责任。

清水： 就是嘛。可惜我当时完全没有工夫去这么考虑。

×不仅给自己"贴标签"，还感到"情绪低落"

高杉： 还有，金子还从道德层面找碴儿，批评你说"这太不公平"。

清水： 嗯，被他一顿"狂轰滥炸"，说实话，我失去了对状况的判断力。

高杉： 情况确实如此。清水先生有了罪恶意识之后，最终给自己贴上了"作为负责人不称职"的标签。这是一种让情况恶化下去的负面行为。仅凭有限

129

的情况与行为去评价一个人的人格，毫无疑问就是以偏概全。不仅如此，清水先生你还感受到了"情绪低落"这样一种负面情绪。

清水： 嗯，我情绪很低落。

高杉： 可能源于你觉得自己没能做到完美而产生的怅然若失感吧。

清水： 原来是坏的负面情绪进一步引起了更坏的负面情绪啊。

高杉： 你说得很对。那是坏的负面情绪的恶性循环。

实践篇 通过案例分析强化心理韧性

指导 该怎么办

√ 把能够满足要求看作一种"愿望"

清水: 我已经十分清楚了,原来自己有那么多错误的思维方式。那么我当时怎么办才会更好一些呢?

高杉: 请你这么想:"但愿能够满足增产的要求。可是,我必须做到的理由并不存在。最终只是最好能够做到。"

清水: 哦,"但愿能够满足增产要求"……

高杉: 是的。"必须"是绝对要求,而这个是相对愿望。

清水: 明白了。我决定尝试"但愿能够满足增产要求"的思维方式。这样想有什么好处呢?

高杉： 只要选取"愿望"型思维方式，那么无法满足增产要求的情况尽管不尽如人意，也不会变成无法承受的事情。最终仅仅只是很不理想的状态而已。

清水： 原来如此。就是说，并非发生了不该发生的事情。

高杉： 是的。最终只是理想的状态未能实现，这里不会产生巨大矛盾。同时，请你这样想："履行职责固然很重要，但我必须履行的理由并不存在。"

清水： 好的。只要抱有相对愿望就好了，对吧？

高杉： 是的，就是这样。

通过抱有相对愿望进行自我防卫

清水： 只要抱有相对愿望，就能够顺利回避掉金子先生强加给我的罪恶感了吗？

高杉： 这个我无法保证。不过，应该可以提高将其回避掉的概率。只要回想一下我们屈服于他人强加的罪恶感的原因就会发现，原本你当时就处于接受他人强加观念的心理状态。也就是说，你认为情况是最糟糕的，而且造成这一难以忍受情况的正是你自己。

实践篇 通过案例分析强化心理韧性

清水： 是吗？原来我的心里有接受罪恶感的空隙。

高杉： 只要你抱有"但愿能够满足要求"这样一种相对愿望，就不用把办不到的状态看作难以承受的状态了。只是，情况很不理想这是事实，所以恐怕很难让人高兴起来。

清水： 不过，至少可以不用把情况看得那么糟了。

高杉： 没错。所以才能够回避罪恶感与情绪低落。

清水： 原来是这样。只要我抱有相对愿望，就可以回避掉别人强加的罪恶感。

√通过选择"自责"情绪摸索解决之策

高杉： 清水先生，请你在充分认识到以上道理的前提下选择"自责"情绪。

清水： 是"自责"吗？

高杉： 是的。不是"罪恶感"，而是"自责"。

清水： 二者有何不同？

133

高杉： 为无法满足别人要求感到遗憾就是自责。这种"想为对方做却做不到"的懊悔与自责,就是不责怪自己的"好的"负面情绪。

清水： 反过来,罪恶感就是责怪自己的"坏的"负面情绪,对吧?

高杉： 是的。负面情绪有好坏之分。如果能够采取"愿望"型思维方式,你就能够选择"好的"负面情绪了。然后你应该有余力以此为动力去寻找有利于解决问题的积极的行动。当然也就不用受到罪恶感的困扰了。

清水： 我懂了。我会试着去做。

实践篇 通过案例分析强化心理韧性

成功案例

因受到良心谴责而"自责"

金子: 感冒药还是供不应求。我已经解释过,意想不到的流感正在肆虐,需求正在增加。清水先生,满足我们提出的生产要求不正是你的工作和职责吗?

清水: (遗憾)非常遗憾,现在没有足够应对需求增加的供给能力。我真的认为,如果能够应对此种局面该多好。不过我只是生产部门的小小负责人,并非能够搞定一切。

金子: 清水先生,你觉得遗憾也没有任何帮助。你应该也有道德上的责任感,你不觉得你这样对不起同事和消费者吗?

清水: 我想这件事不是我道德方面的问题。如果可能的话,我肯定会满足你的要求的。

金子: 你不能减少别的产品的生产吗?

清水: 金子先生,如果别的产品产量不够,就算满足了你的增产要求,不也于事无补吗?

金子： 那你说,这件事该怎么办?

清水： 因为无法满足你的增产要求,我也在良心上感到"自责"。虽然我无法答应你增产,但是我会和其他生产经理再商量商量。

金子： 是吗?谢谢!你一定要帮忙,我会感激你的。

实践篇 通过案例分析强化心理韧性

总结

　　清水先生没有陷入"必须"型思维方式，顺利躲开了对方的攻击。没有陷入罪恶感的关键，在于他采取的是相对愿望思维方式。也就是持有"但愿可以满足对方要求"的想法，就不至于认为无法做到的情况难以承受。结果就是能够避免"罪恶感"这一坏的负面情绪，代之以"自责"这一好的负面情绪。得益于此，他才有余力去思考尝试与其他生产负责人协商这一正面行动。

　　"愿望"型思维方式绝不是对价值观与志向的轻视，而是符合逻辑、现实地考虑问题。我劝别人采取"但愿"这一相对愿望的时候，有人会有疑问："这样一来，努力程度不就下降了吗？"持有此种疑问的人是将绝对要求与努力程度混为一谈了。二者基本互不相干。可以说，如果做同样的努力，抱着相对愿望努力的效率更高。

案例 2-2
爽约

在经济持续不景气的条件下,形势依然较好的工作可能是信息系统方面的。其中系统咨询业务尤其多,而且这是很难确定工作量的工作之一。员工一不小心就容易陷入工作狂模式,有时甚至会出现完全没有个人时间的情况,有时说不定还会由于过分繁忙而爽约。

一旦爽约,人们最常有的情绪就是"罪恶感"。有罪恶感的人容易做出责怪自己的行为。

田中(33岁,女性)在一家信息系统类咨询公司担任项目经理。她有不服输的性格,是一名高效员工,她认为如果不能同时兼顾好工作与个人生活,就不是一个成熟的职场人士。

实践篇 通过案例分析强化心理韧性

> **失败案例**
>
> ### 因为有罪恶感而责怪自己
>
> 现在刚过晚上 7 点。田中看上去依然十分繁忙。她不停地看表。事实上她和朋友约好了要聚会,但由于工作原因,看来她要爽约了。

田中: (自言自语)唉,都怪这份临时加进来的活儿,看来今晚无论如何赶不上饭局了。可是我已经对荒井小姐说我一定去的。我必须遵守约定。

(30分钟后)

田中: 看来肯定赶不上了。我最好给荒井小姐打一个电话。"喂,荒井小姐吗?我是田中……"

荒井: 啊,田中。你现在到哪儿啦?大家可都等着你呢。

田中: 不好意思,看来今晚我去不成了。工作没干完,我走不开。

麦肯锡情绪管理课

荒井： 啊？你可是信誓旦旦地说一定会来的。临时放我们鸽子可绝对不行。张罗饭局的人来不了的话那还有什么意思啊？

田中： 实在对不起，我感觉特别愧疚。

荒井： 你过会儿能来的话一定得来呀！我们大家会在这儿待上一会儿，回头见。（挂掉电话）

田中： （自言自语）真糟糕。兑现不了的约定就不该答应。我做了对不起朋友的事。我怎么就没想到会临时加进来这么一个活儿呢？哎呀，我真讨厌自己。

实践篇 通过案例分析强化心理韧性

指导问题出在哪里

田中由于临时来了一项急活儿而脱不开身,最终破坏了与朋友的约定。她正在因为有"罪恶感"而责怪自己。

×由于感到罪恶感而给自己"贴标签"

高杉: 你对自己的责怪可真够严厉的。

田中: 原本明明是我张罗的聚会,可我这个发起人竟然临时爽约了,这可是严重的失误。我要是不向人承诺自己遵守不了的约定就好了。

高杉: 不过,你临时爽约的理由是因为来了一个急活儿对吧?

田中: 话虽如此,不过临时来急活儿是常有的事,我应该准确预测到这种情况才对。哎呀,我可真没用。

高杉: 刚才田中小姐对自己所做的正是"贴标签"的错误的行为。所谓贴标签,是仅凭一个行为去评价人的本质和一个人的全部,这是一种错误的行为。试想一下，人的本质能够进行全面评价吗？应该成为评价的对象吗？

×把人的本质当成了评价的对象

高杉：人的"行为"会成为评价的对象。偷盗是错误的，使用暴力也不对。公司的销售目标完成情况也会成为评价的对象。

田中：我觉得临时爽约这种"行为"也是坏事……

高杉：或许不是值得褒奖的"行为"。对了，你在一年当中会做出大约多少行为呢？

田中：啊？您说行为吗？这个我可数不过来。

高杉：对吧。人正在做出为数众多的行为。其中，做出了多少错误的行为，才能够评价一个人是"坏"人呢？10%？50%？还是80%呢？

田中：应该哪儿都没有这种评价标准，不是吗？

高杉：就是嘛。这种东西是不可能存在的。在这个世界上，你觉得原本多到数不清的人的行为能够一个一个毫无差错地加以评价吗？

实践篇 通过案例分析强化心理韧性

田中：　恐怕做不到。

高杉：　退一百步，不，退上一万步，咱们假设已经对所有行为做出了正确的评价。即便如此，也不等同于完成了对那个人的全面评价。

田中：　为什么？

高杉：　人并不是一成不变的，也就是说是多变的。所以，我们应该认为人的本质上的价值不能成为评价的对象。

田中：　也许是这样吧。我仅凭一小部分行为就对自己做了全面的评价。

高杉：　是啊。仅凭一个行为就给某个人的人格"贴标签"，堪称"过度一般化"。

✕ 未能冷静地评价无法信守承诺的情况

田中：　可是老师，我为什么会做出这种事情呢？

高杉：　也许是因为田中小姐一直将临时爽约的情况看作"不该发生"的事情吧。

143

田中： 是的。发起人临近会面时间突然爽约，您不觉得这样最差劲了吗？

高杉： 你把不该发生的"临近会面时间突然爽约"的情况看成了非常糟糕的情况。

田中： （抢着打断对方）您别一个劲儿地提"临近会面时间突然爽约"这种说法，我作为一个女孩子，正在为此伤心呢。

高杉： 恕我失礼。对于田中小姐来说，你可能觉得这件事是让你难以承受的事情，对吧？

田中： 嗯。

高杉： "临近会面时间突然爽约"不对，这种情况对田中小姐来说，越是难以承受，你是不是就越想找出把自己逼到这种境地的始作俑者呢？

田中： 嗯，会这么想。

高杉： 寻找之后发现，这个人就是自己。也就是说，田中小姐把指责的矛头对准了自己。不管怎么样，我认为很难说你对情况进行了冷静的判断。

实践篇 通过案例分析强化心理韧性

×有了绝对不能破坏约定的想法

田中： 可是，为什么我会把不能遵守约定的情况看得如此严重呢？这是我天生的性格吗？如果是的话那就改不了了。

高杉： 确实可能也存在先天的因素。不过，在情绪产生之时必定有思维介入，所以只要改变了思维方式，情绪也是可以控制的。

田中： 你说思维方式吗？我在这件事上的思维方式是什么样子的呢？

高杉： 田中小姐的思维方式的深处隐藏有"我必须遵守约定"这样一种绝对要求。这种想法可能与"对自己说的话必须承担责任"的想法一样，都是你的父母和学校老师一直对你说的。

田中： 您说得不对。其实，我的父母和学校老师经常说话不算话，所以作为一种逆反，我一直要求自己要绝对遵守约定。不能破坏约定，这就是我的人生哲学。当然，我也认为必须对自己的发言承担责任。

高杉： 你的人生哲学非常了不起。

145

田中： 您不是要说约定这种东西就是为了打破而存在的吧？若是那样，老师您就不值得我们尊敬了。

高杉： 我可真是服了你了。请你务必不要给我"贴标签"。我在这里想说的是，只要对自己提出"我必须遵守约定，对自己说的话负责"的绝对要求，一旦你破坏了约定，或是辜负了别人，那就等于亲手造成了"不该发生的情况"，我想说的是这一点。这对于当事人来说，是难以得到妥善解决的巨大矛盾。所以田中小姐才会把情况看得非常糟糕，结果陷入了巨大的心理纠葛。

还有，由于荒井小姐说你说过一定要露面，而且是信誓旦旦说好的，对你施加了压力，让你受到了强烈的罪恶感的折磨。可以想象，恐怕在你打"可能去不了了"这个电话之前，就已经有了自己破坏了不该破坏的道德规则的认识。由于荒井小姐直接指出了这一点，所以你就更加强烈地感觉到了这种坏的负面情绪。

田中： ……

高杉： 再进一步分析，田中小姐为自己没能预见会有急活儿加进来而深感自责。人都是有血有肉的人，所以要求自己有完全预知未来的能力恐怕是过分的期待。这和要求自己做到无法做到的完美如出一辙。

实践篇 通过案例分析强化心理韧性

指导该怎么办

√将人生哲学修正为愿望

田中： 我一直要求自己遵守承诺,对自己说的话负责。可是,事到如今我也改不了啊。

高杉： 我绝没有要让田中小姐放弃自己人生哲学的打算。事实上,追求完美、遵守承诺和对自己说的话负责非常重要。

田中： 您现在这么说,到最后不会还是要建议我做一个散漫的人吧?

高杉： 我完全没有让你变成散漫或者迟钝的人的意思。向往完美、遵守承诺、对自己的发言负责是非常重要的追求。然而,问题在于你把这些追求作为"绝对要求"让自己去背负。这是典型的"必须"型思维方式。

田中：　"必须"型思维方式？

高杉：　是的。当然了，能够遵守承诺是最好的，能对自己的发言负责也是再好不过的，追求完美也是好事。可是，认为无论什么情况下，什么样的承诺都"必须"遵守，却是不切实际的自信。因为在现实生活中，很多情况下人们受条件所限无法做到。

田中：　这个我明白。自己要求必须完美，可现实当中却无法做到，这一矛盾总是让我感到非常纠结。可是我绝对不想妥协。

高杉：　我明白。那么，请你这样想，"我能够遵守承诺是最'理想的'了"。

田中：　最"理想的"？

高杉：　"满意的""重要的"也可以。也就是说，我希望你能把志向最终作为一种"愿望"。我希望你能认识到，那种认为无论发生什么事情，承诺"必须"得到遵守的想法是不切实际的。这样你能接受吗？

田中：　嗯，这样的话我没问题。只要这么做就一定能从罪恶感中获得解放吗？

实践篇 通过案例分析强化心理韧性

√选择对行为进行反省的"自责"念头

高杉： 你说一定吗？很遗憾，这个无法保证。可是，让你内心得到解放的可能性会提高。只要把能够遵守承诺看作是"理想"的，那么就算发生了无法遵守的情况，虽然不如意，也不至于变成"难以承受的事件"。

田中： 原来如此。这样的话或许就不用再去寻找罪魁祸首了。

高杉： 是的。不仅如此，你将能够选择"自责"的念头，而不是"罪恶感"。

田中： "自责"的念头？

高杉： 我绝不是提倡你在面对无法遵守承诺时变得迟钝，而是希望你能敏感一些。希望你能选择"自责"的念头，不要选择"罪恶感"这种坏的负面情绪。自责是一种对自己未能遵守承诺感到有责任，但不会过度责备自己的好的负面情绪。"自责"的念头是与"憎其罪但不憎其人"的想法相通的好的负面情绪。

成功案例：无须陷入罪恶感

田中： （自言自语）看来由于这项意料之外的工作，我是赶不上参加聚会了。如果能说话算话最好了，不过应该还有机会吧。看来我给荒井小姐打个电话告诉她一声比较好。"喂，我是田中。不好意思，看样子我参加不了聚会了。突然临时来了一个急活儿……"

荒井： 啊？你可是说一定会露面的呀！你可是答应得好好的啊。临时放我们鸽子可绝对不行。张罗聚会的人来不了，那还有什么意思啊？真是的……

田中： 如果能去的话我真的非常想参加。让你们失望了，我满脑子都是"自责"的念头。下次有机会我一定补上。

荒井： 自责的念头？不知道你在说什么，你要是过一会儿能来的话一定得来啊，大家会在这里待上一会儿呢。回头见。（挂掉电话）

田中： （自言自语）要是我能说到做到该多好啊。可是没想到临时会来急活儿，这也是没有办法的事情。对了，如果拼命干上一个小时，说不定还能赶去参加个 30 分钟。下次可得把工作和生活安排得更好才行。不管怎样，看来今晚会很漫长。

总结

虽然没能遵守承诺,但田中小姐似乎在不责备自己的情况下摆脱了困难局面。她还想到了赶紧做完工作去参加聚会30分钟左右的方案。这完全是她有了"如能遵守承诺再好不过,但没有理由非那样做不可,事实上,也有做不到的时候"这样一种现实的思维方式的结果。

因为有了正确的思维方式,田中避免了对自己的责备,对情况也做出了更加冷静的判断。结果是,她采取了提高工作效率,之后即使时间短也要在聚会上露个面的积极行动。另外,我们还看到她有余力思考防止事态再次发生的正面行动,即想到下次要更好地安排工作和生活。"自责"是不过分指责自己,促进行为改善的好的负面情绪。

人都是不完美的。就算追求完美非常理想,要求自己必须做到却是不切实际的。可以说,在接受有血有肉的真实的自己的基础上,将完美作为一种愿望加以追求,才是一种理想的思维方式。

案例学习 ❸ 克服不安

案例 3-1
拒绝不擅长的演示

在各种商务场合，演示的机会正在增加。好的演示不光是靠充满魅力的幻灯片，还有逻辑清晰的故事讲解，以及演示者自身的展示技能。并且，提高保持平常心的技能也是需要切记的重要因素。

在某个大型卫浴企业工作的砂田（33岁，男性）已入职10个年头。作为一名业务骨干，他在个人护理事业部负责头发护理商品的市场营销企划工作。他在营销领域积累了5年实际业务经验后，被分配到了现在的企划部门。

砂田被上司野中叫了过去，好像野中先生打算把某项重要的工作交给他去办。下面就是砂田与野中的对话。

实践篇 通过案例分析强化心理韧性

> **失败案例**
>
> **陷入混乱**
>
> 砂田正在默默地专心做着案头工作,这时上司野中走过来和他说话。砂田看着野中的脸,好像有一种不好的预感。

野中: 你能给我做 10 页关于当前洗发水销售战略的演示材料吗?这次经营会议上要用。

砂田: 好的。要是只做材料我很愿意。(不安)可是,您不会让我在会上做演示吧?

野中: (高兴)我当然是这么想的。这可是让领导层了解你的好机会。你肯定能演示得很精彩。

砂田: (脸色惨白)这怎么能行?绝对不可以。我不擅长面对很多人讲话。还有,怎么能面对公司领导层进行演示呢?要是搞砸了,我的职业生涯也就完了。绝对不能冒这种风险。我只是这么一想就已经坐立不安了。您的好意我无论如何都要拒绝……

野中: (多少有些吃惊的样子)没想到你这么不擅长演

示，我真吃了一惊。不过，既然你说到这份儿上了，我就找其他人吧。（失望）谢谢你坦率地告诉我。

砂田： （非常意志消沉地走出办公室，自言自语）我又放走了一个大好的机会。我怎么总是做这种事啊？我可真没用。

不擅长演示，而且还要在领导层面前演示，砂田似乎陷入了混乱。其结果就是，不仅没能接下重要的任务，还放走了向领导层展示自己的机会。让我们分析一下砂田向压力屈服的过程，然后就强化心理韧性给他提出建议。

实践篇 通过案例分析强化心理韧性

指导 问题出在哪里

✕ 认定失败是"无法接受的风险"

高杉： 砂田先生，一个很好的机会摆在了你面前。可能你的上司以为你会为这个机会的到来感到高兴吧？

砂田： 是啊，我觉得您说得没错。

高杉： 可是砂田先生，你反过来做出了强烈拒绝的反应。这是为什么呢？

砂田： 向公司高层汇报的话，失败是绝不允许的吧。一旦搞砸了，自己的职业生涯可能也就结束了。要是到了那种地步可就糟糕透了。

高杉： 可是，"失败了，职业生涯就结束了，糟糕透了"的想法，不都是在没有充分论据的情况下对事物悲观绝望的不合时宜的强烈确信吗？职业生涯是不可能仅仅因为一次演示失败而终结的。

麦肯锡情绪管理课

砂田： 或许吧。可是，对于在公司领导层面前出现失误这种事情，我是受不了的。

高杉： 似乎你已经陷入"绝望悲观"型思维方式与"耐性缺乏"型思维方式。一旦如此，挑战演示就成了无法承受的风险了。

砂田： 就是这样。失败这种事我接受不了，所以选择了拒绝。

× 要求自己"演示必须做得完美"

高杉： 那么，为什么砂田先生这么害怕演示失败呢？是不是因为你认为一旦失败，就有可能酿成难以承受的悲剧呢？

砂田： 没错。

高杉： 我可以推测，那是因为你对自己提出了绝对要求，即"演示绝不能失败"，"演示必须做得完美"。

砂田： 您这么一说，我还真是那么想的。虽然之前我没有明确意识到……

高杉： 并且，可以想象，你还有一种"绝对不能受到差评"的"必须"型思维方式。特别是，一旦轮到公司领导层评价你，这种"必须"型思维方式就成了相当巨大的压力。

砂田： 嗯，我绝不想受到差评。

×"必须"型思维方式引起了巨大的不安

砂田： 可是，为什么您认为"演示绝对不能失败"、"演示必须做得完美"或者"绝不能受到差评"这样的想法不好呢？我觉得这些要求对于职场人士而言，都是理所当然和非常重要的。

高杉： 你说对了一部分。问题在于你把这些志向当成了"绝对"的要求。

砂田： 您认为我不应该将其看作绝对的要求吗……

高杉： 是的。这是因为，比如，无论你对自己提出怎样的绝对要求，现实点考虑，演示失败的可能性也是存在的。也就是说，在你提出绝对要求的一瞬间，自己就已经陷入了"不该发生的事情有可能发生"的难以妥善解决的悖论之中。我称其为"必须"型思维方式的悖论。

砂田： 您说"发生不该发生的事情"吗？那的确是沉重的压力。

高杉： 更何况你不擅长演示，可能与你从前有过失败经历有关吧。

砂田： 的确如此。我曾经因此出过很大的洋相……

高杉： "必须"型思维方式使你将十分难得的演示机会看成了"不允许发生的事情有可能发生"的可怕情况。结果就是，你强烈地感受到了"不安"这一坏的负面情绪。说来也不是没有道理。

✕ 采取了自己亲手毁掉机会的"负面行动"

高杉： 为此你采取的行动是，当场拒绝了演示的机会这一用于回避不安的冲动行为。确实，通过拒绝，你在短期得以回避让你不安的因素。可是，由于这个机会转到了别人手中，所以你失去了一个让公司高层了解你的好机会。

砂田： 您说得很对。真是太可惜了。虽然我自己也很清楚这一点……

实践篇 通过案例分析强化心理韧性

高杉： 或许，你的上司再也不会找你去做演示了。原本这应该是一个你克服演示恐惧症的好机会……

砂田： 嗯，现在我感到非常惋惜和后悔。

×将指责的矛头对准了毁掉机会的自己

高杉： 通过拒绝要求，虽然规避了由演示带来的不安，但是砂田先生你亲自毁掉了好机会，并由此陷入了自我厌恶的情绪。结果就是产生了诸如"机会绝对不应放过""放走机会的自己真没用"这样新的"必须"和"贴标签"等错误的思维方式。

砂田： 您说得对。其实这种事情经常发生在我身上……

高杉： 一个压力又引起了新的压力，这种情况十分常见。这就是压力导致压力的恶性循环。

指导 该怎么办

√ 接受不擅长演示的自己

砂田： 那么，老师，具体来说我应该怎么做呢？

高杉： 首先，请你尝试诚实地将特别不擅长做演示这一点作为自己的弱项加以接受。

砂田： 这个我早就知道了，我非常清楚自己的缺点。

高杉： 不是，我现在希望你做的是"如实地接受"不擅长演示的自己。可能你不愿意接受自己不擅长演示这个事实，也就是你在拒绝这一事实。

砂田： 啊？您说我在拒绝？

高杉： 是的。你难道不是在想"自己特别不擅长演示，可是本来不应该这样。作为职场人士，必须擅长演示"吗？

> **实践篇** 通过案例分析强化心理韧性

砂田： 是的，我一直认为不应该害怕演示。那么，我能认为自己不擅长演示无所谓吗？总觉得怪怪的。

高杉： 并非如此。最好不要认为不擅长也无所谓。事实上，比起不擅长，肯定是擅长更好了。

砂田： 是啊。那么我该怎么做？

高杉： 你只要不回避害怕演示的自己，并接受这样的自己就好了。拒绝自己或者反过来明明没什么自信却要勉强装作很强势，恐怕也难以说服自己。客观对待自己的情况很重要，完美的人是不存在的。首先，希望你有勇气如实接受并不完美的自己。

√把能做好演示当作相对愿望

砂田： 我觉得这个与老师您刚才提到的绝对要求好像有关联。

高杉： 这就是压力管理的关键点。也就是放弃绝对要求，切换成相对愿望。

砂田： 相对愿望吗？具体来说该怎么做呢？

高杉： 要去想"但愿我能做好演示""不出差错非常重要"。也就是说，将价值观与志向作为相对愿望加以肯定。

砂田： 作为相对愿望吗……

高杉： 是的。同时，你需要否定绝对要求，认识到必须做完美演示的理由并不存在。

砂田： 也就是否定"必须"型思维方式对吧？

高杉： 是的，原本从逻辑上思考，世上就不存在"必须如何"的事物。倒是有很多"但愿如此"的事情与"最好是那样"的事情。无论罗列多少理想之事实现的好处和没能实现的坏处，都无法得出"必须"做到的结论。最终仅仅是如能实现则非常"理想"而已。

砂田： 您这么一说，的确如此。

高杉： 如果认为"但愿我能做好演示""不出差错非常重要"，即使进展得不顺利，也不等于"发生了不该发生"的事情。所以可以使自己避免陷入巨大的矛盾。

砂田： 是吗？这样就不至于陷入"必须"型思维方式的悖论了吗？

实践篇 通过案例分析强化心理韧性

高杉: 没错。进展不顺的时候，虽然并不开心，但也只是"可能发生的事情发生了"而已。所以也并非世界末日。也就是说，可以认为"就算发生了，也并非承受不了"。这种思维方式才是更现实和更为妥当的想法。

砂田: 以前，我曾经出过很大洋相，确实，这个世界并没有因此终结。（笑）

√选择"担心"，做好准备

高杉: 要去想"但愿我能做好演示"，"不出差错非常重要"。然后请你大声对自己说"没有理由让我的演示必须做到完美"。否定绝对要求十分重要。

砂田: 明白了。我会这么做的。

高杉: 在此基础上，请你抱有"即使万一进展不顺利，也不是世界末日"。这样一来，在情绪上也可以摒弃"不安"这一坏的负面情绪，而是选择虽然负面但是好的负面情绪的"担心"。

砂田: 摒弃"不安"，选择"担心"？

高杉： 是的。不安是容易让人选择逃避的坏的负面情绪。事实上，由于你感受到了巨大不安，所以你选择了逃避。相反，担心是容易让人做积极准备的好的负面情绪。只要有正面的思维方式，就能够选择好的负面情绪。

砂田： 对情绪进行选择，我可是想都没有想过。

高杉： 只要学会选择情绪，你就有可能接受演示任务，采取行动，抓住机会。

砂田： 我明白了，老师。我会试着努力让自己带着相对愿望，选择好的负面情绪，采取正面行动。

实践篇 通过案例分析强化心理韧性

成功案例：为演示做认真准备

野中： 你能给我做10页关于当前洗发水销售战略的演示材料吗？这次经营会议上要用。

砂田： 好的，我很愿意。（担心）可是，您不会让我在会上做演示吧？

野中： （高兴）其实我就是这么想的。这可是让领导层了解你的好机会。你肯定能演示得很精彩。

砂田： （有些困惑但斩钉截铁）是吗……说实话，我并不擅长演示。我以前曾经失败过……或者说，长期以来，我一直在躲避。不过这次是一个好机会，我会尽全力做好。

野中： 就是嘛。只要你尽最大的努力，就肯定能做得很好。

砂田： 谢谢您给我这么好的机会。

野中： 祝你好运。你也知道，这也关系到我的名声。你可要加油啊！

167

砂田: 总之,为了做好演示,我会认真准备。我想请足立先生给我参谋参谋。他实在是做演示的高手。

野中: 砂田,这是个好主意。我会来看你的彩排。

砂田: (回到座位,自言自语)最好可以做好演示。可是,我未必能做到尽善尽美。即使出现失误,天也塌不下来。虽然有些担心,不,正因为担心,我更要扎扎实实做好准备!

实践篇 通过案例分析强化心理韧性

总结

虽然面对的情况相同，但这次砂田牢牢抓住机会，接下了重要任务。可以说胜利的原因就在于砂田的良好思维方式——他认为"能做好演示非常重要，并且再好不过。可是，我没有理由必须做到那样。实际上，做不到也是有可能的。尽管结果不理想，但也并非世界末日，只是的确感到有些担心。正因为这样才要扎扎实实做好准备"。结果是，砂田不仅抓住了机会，还采取了有利于提高演示成功概率的"向同事取经"这一积极行动。相信他的演示一定会非常顺利。

如上所说，只要情况、思维方式、情绪、行动的过程合适，就能缓解压力。如能做到缓解压力，那么干劲便可持续，可能性将得到无限扩展。

案例 3-2
业绩未达标

泡沫经济崩溃后,直线向好的经济景气形势也宣告结束。虽然也能看到一部分胜利者持续高增长,可很多行业的销售额动向并不明朗。尽管努力奋斗,但销售额无法达标的情况也在不断增加。不过,实现业务指标是每一位销售人员都梦寐以求的永久课题。

松井(36岁,男性)是在一家大型制药公司负责面向医生销售新药的医药代表。松井一边向医生们展示医疗药品的有效性、安全性、不良反应、临床数据与学术信息等,一边每天为新药销售而努力。

实践篇 通过案例分析强化心理韧性

失败案例

被业绩未达标的不安压垮

深夜,办公室内,松井正盯着销售额数据。尽管松井为扩大销路不懈努力,但销售额似乎并未增长。下面是松井与同事富田(资深医药代表)的对话。

松井: (自言自语)唉,不行啊。这样下去,半年业绩不可能达标。可是,既然我已经在大家面前承诺一定达标,我就必须想方设法去实现……

富田: (正要回家的时候,发现松井还在工作)松井,今天又在加班?情况怎么样?

松井: (装作很阳光的样子)嗨,富田啊,一切顺利!

富田: 在这么严峻的形势下还一切顺利?真了不起!不过别忘了按时回家。拜拜!(回家去了)

松井: (貌似决心已定的样子)我如果不再增加顾客的访问次数肯定不成……同事们好像都完成了各自的业绩,要是我无法达标,那可就惨了。弄不好我的职业生涯也将随之终结。只是这么一想就让人感到不安。（按着疼痛的胃部）疼死我了。胃药放哪儿来着?

松井由于销售额无法如愿提高，开始感到强烈的不安和焦虑，结果似乎连胃也变得不舒服起来。在此，让我们通过对话分析松井的思维方式，然后给他一些建议。

实践篇 通过案例分析强化心理韧性

指导 问题出在哪里

✗ 认为不达标绝对"不行"

高杉: 松井先生,你的胃没事吧?

松井: 我又是做针灸又是服中药、做瑜伽,做了各种尝试,可就是不见好。

高杉: 好像实现销售额目标挺困难的样子啊。面对此种情况,你是怎么想的?

松井: 左右没辙啊。情况惨不忍睹。搞不好连我作为医药代表的职业生涯也会就此画上句号呢。

高杉: 松井先生,你是不是把情况看得过于悲观了?同时,你好像认为自己在大家面前承诺的目标必须实现,对吧?

173

松井： 是的,因为我想,既然已经向大家做出承诺,我就不可以违背承诺。

高杉： 你之所以会把难以达成目标的情况看成最糟的情况,似乎是由你的一连串"必须"型思维方式引起的啊。

松井： "必须"型思维方式?

高杉： 是的。也可以说成是硬要得到原本不存在的事物的"绝对化要求"吧。这种要求是造成你看待事物很绝望的根源。

松井： 那究竟是怎么回事呢?

高杉： 松井先生,你难道没有对自己提出"无论如何必须达标""必须遵守承诺"这样的绝对化要求吗?

松井： 是啊,可是这样不对吗?

高杉： 你对自己提出"无论如何必须达标""必须遵守承诺"的绝对化要求,可是万一实现不了呢?

松井： 那可就糟糕透了。

高杉： 为什么你认为糟糕透了呢?

实践篇 通过案例分析强化心理韧性

松井： 那是因为绝对不应该发生的事情发生了吧，或者是我做了不应该做的事情……

高杉： 是的。不该发生的情况发生了，不该做的事情却做了。这就是"必须"型思维方式的悖论，这可是造成巨大心理纠葛的根本原因。

松井： 原来是"必须"型思维方式的悖论啊……我想了想，的确是很大的矛盾。

×因为有了错误的思维方式，所以产生了强烈的不安情绪

高杉： 由于你有了"必须"型思维方式，所以你会过度悲观地看待无法达标的情况。结果认为"我的职业生涯说不定就此终结"，更加深陷于绝望的想法之中。你的心情发生了什么变化？

松井： 我对将来感到巨大的不安。

高杉： 是啊。在"职业生涯说不定就此终结"的巨大威胁作用下，你开始抱有强烈的不安情绪。

松井： 确实如此。

175

高杉： 松井先生，你还认为"绝对必须保住"自己工作中的名声，对吧？

松井： 嗯。我还认为，绝不能将弱点暴露给别人。这也是"必须"型思维方式吗？

高杉： 没错。只要你对自己有这样的绝对要求，一旦你的名声受到伤害，就会觉得这是"难以承受的悲剧"，并且可能会认为造成如此不幸事件的自己是"无用之人"。

松井： 是吗？所以我才会马上责怪自己啊……

高杉： 松井先生，你也看到了，这些是错误思维方式的连锁效应。其结果就是，你会对同事说"一切顺利"，表现出与事实相反的轻松表情。

松井： 是的。就结果而言，我说谎了。

高杉： 是啊。你不光有达不了标的压力，还对说了谎的自己产生厌恶情绪，或者还有陷入情绪低落的危险呢。

松井： 我早就已经情绪低落了。

实践篇 通过案例分析强化心理韧性

×采取了"不计后果地更加努力"的低效行为

高杉: 由于不安和焦虑,你想到"我必须再增加访问顾客的次数"。这个可能做到吗?

松井: 事实上这已经达到极限了。

高杉: 明明已是极限,但你还想"必须增加"的话,岂不是会更加焦虑吗?要提高销售额,也不是只要单纯增加访问次数就可以的。真希望能有提高胜算的办法啊。

松井: 您说得没错,可是说实话,我根本没心思往那方面去想。最终我该怎么办呢?

177

指导 该怎么办

√ 接受未达标这一现实

高杉： 首先，你不应该把"销售目标可能无法实现"这一情况悲观绝望地看成"最糟糕"的情况，而是应该做出现实的评价。

松井： 具体来说，我该怎么办呢？

高杉： 你需要把不能达标的情况解释成"非常不理想"。这才是更加现实的看法。

松井： 解释成"不理想"是吗？

高杉： 是的。原本这个世界上就没有所谓"最糟糕"的情况。糟糕的情况可能存在，更糟糕的情况也是有的。可是，"最糟糕"的情况是不存在的。那只是你自己这么认为而已。

> 实践篇 通过案例分析强化心理韧性

√ 把达标看作一种愿望

松井： 诚然，您说得有道理，可是我该怎么做才能那么想呢？我无论如何都会认为情况是最糟糕的。

高杉： 原本，之所以会对情况悲观绝望，是因为你觉得那是"难以承受的悲剧"。因为绝对不该发生的事情发生了。可是，造成这种"必须"型思维方式的不是别人，正是松井先生你自己。要求自己"非做到不可"的，正是你本人。

松井： 那么，我该怎么做才好呢？你是说我只要觉得什么目标都无所谓，"让承诺见鬼去吧"就可以了吗？

高杉： 不，绝不是这个意思。那是为了逃避"必须"型思维方式的悖论而否定目标与志向，叫作"无所谓"的错误思维方式。

松井： 就是啊。那么，你说我该怎么办呢？

高杉： 只需抱有相对愿望即可。

松井： 相对愿望？是个什么东西？

高杉： 你要认为"能够达标非常重要和理想"。也就是说，一边肯定目标和志向，一边摒弃"必须"型思维方式，一边选择认为"但愿能够……""最好能够……"。

松井： 所以是相对愿望啊……

高杉： 具体来说，你的相对愿望应该是"达成销售目标很重要，但没有必须达成的理由"。原本就不存在目标必须被达成的理由，从现实来说，只是达成的话非常理想而已。你提出"必须如何如何"的绝对要求，只是你一厢情愿而已。不管你罗列多少目标达成的好处，那也只是达成目标的理想程度增加而已，构不成因此"必须"实现目标的逻辑。

松井： 原来只是比较理想而已。这样啊，细想一下的话的确如此。

高杉： 这样一来，你应该就能将达标这一愿望无法实现的状况解释成非常"不满意"的状况。和那种将无法达标看作"难以承受的悲剧"的坏的解释相比，这种想法可以说是更为现实的正确的思维方式。事实上，结果还没出来，就算真的没能达标，也只是"不令人满意"而已，应该可以避免陷入"难以承受的悲剧"的解释中去。"难以承

> 受的悲剧"的想法不过是从"必须"型思维方式派生出来的一种"确信"而已。

松井： 是吗？这么一想我心里就轻松多了。

√通过选择"担心"这一好的负面情绪保持余力

高杉： 接下来要拜托你的是，希望你选择"担心"这一好的负面情绪。

松井： 啊？你是让我选择情绪吗？

高杉： 是的。思维方式对情绪有很大影响。所以通过管理思维方式去选择情绪对于压力管理非常重要。

松井： 可是，你是让我选择"担心"吗？我觉得再积极一些比较好……

高杉： 压力条件下，想要单方面积极地考虑或加以感受的做法有不现实之处。很多情况下所谓的"积极思维方式"往往难以持久。

松井： 可是，为什么是"担心"呢？所谓"担心"是一种什么样的情绪呢？

高杉：　　首先，松井先生在"必须"型思维方式的作用下，感到了巨大不安。不安是很难让人采取好的行动的坏的负面情绪。

松井：　　这么说来，的确容易在感到不安的时候逃避、焦虑，不管不顾地埋头努力工作。

高杉：　　如果抱有相对愿望，就可以冷静地把握压力局面，所以你将摒弃坏的负面情绪"焦虑"和"不安"，而是选择"担心"这一好的负面情绪。

松井：　　"不安"是坏的负面情绪，"担心"是好的负面情绪吗？

高杉：　　对。"担心"是好的负面情绪，它能成为让人采取改善状况的正面行动的原动力。

松井：　　是吗？负面情绪也有好坏之分啊，和胆固醇很像啊。

高杉：　　是啊。只要能够冷静地把握状况，也就有心思去思考更为有效的改进之策了。

实践篇 通过案例分析强化心理韧性

成功案例 | **用正确的思维方式提高实现目标的可能性**

松井： （自言自语）咳，这样下去，看来无法达成半年的销售目标。我都在大家面前做了承诺了，怎样做才能改善现状呢？要实现目标，只能尽最大努力。可是，实现目标固然令人满意，但我没有理由必须做到。

富田： （正要回家的时候发现松井还在工作）松井，你又在加班吗？情况怎么样？

松井： 咳，原来是富田啊。我在努力，可销售额就是上不去。我在尽可能拜访更多的医生。你有什么好的办法吗？

富田： 别的人我不清楚，我尽可能在医生一天的诊断工作结束以后，也就是下午晚一点儿的时间前去拜访。好啦，你还是按时回家为好。拜拜，加油！（回家去了）

183

松井: 原来如此。我等了那么长时间,可是说话的时间总是那么短,可能是因为我在白天去拜访的缘故。我下午晚些时候基本上是在办公室整理文件……对了,我可以把顺序对调一下。(看看手表)哦,时间都这么晚了啊。今天先到这儿吧,一会儿可以吃点饭,然后好好睡上一觉。

总结

松井似乎对未达标采取了正确的思维方式。也就是,他想的是"实现销售目标非常重要,可是我没有理由必须实现目标。只是实现目标非常令人满意而已"。结果就是,不用装模作样,也没受到奇怪的自尊心的干扰,他做到了以坦率的心态向富田请教,从而得到了关于拜访客户时间的启发。

估计他会马上付诸实施。比起用现在的办法再加把劲儿,改变做法才能增加工作顺利开展下去的可能性。此外,松井拥有正确的思维方式后,有心思好好吃饭了,也有了要好好保持睡眠的心情。即便这次目标没能达成,他也应该会有意愿再度发起挑战。

案例学习 ❹ 避免情绪低落

案例 4-1
错过晋升机会

但凡职场人士,每个人都渴望获得晋升。然而,伴随着论资排辈的惯例宣告终结,实力主义日益抬头。一般来说,在外资企业,这种倾向更为明显。另外,由于职位也在减少,所以未获晋升这一压力也在逐年增加。我们将通过园部的案例思考如何妥善应对此种情况。

园部(33岁,男性)在一家外资医疗器械制造商CEJ公司从事营销工作,5年前由一家日企跳槽到现在的公司。他一直期待着可以很快晋升为管理人员。

实践篇 通过案例分析强化心理韧性

失败案例

未获晋升，备受打击

园部正在与生产线经理松崎就今年晋升会议的结果进行交谈。松崎好像没法向园部传达好消息。让我们听一听他们二人的对话吧。

松崎： 很抱歉，我带来的不是好消息。我当然推荐提拔你，可是今年的竞争格外激烈。

园部： （相当吃惊的样子，心里想）不会吧！我还以为今年肯定能获晋升呢，竟然没有实现，实在太残酷了……

松崎： 晋升的是包括你的同事清水在内的一小部分人。

园部： 啊？清水获得了晋升？（情绪越发低落）说实话，我真的一直觉得今年肯定能获得晋升来着。

松崎： 不过，你也别太失望了。因为下次你晋升的可能性很高。

园部： （心里想）明年晋升了又能怎样？我是绝对要赶在竞争对手清水之前晋升的。（意志消沉地在心里嘀咕）我已经彻底失去了努力的动力。明天就递交辞呈吧……在这家公司绝对不可能有发展。

187

园部在听到自己未获提拔的消息后,情绪非常低落。结果是,他甚至准备采取提交辞呈。园部的思维方式在什么地方出了问题呢?让我们一边分析一边摸索改进的方法。

实践篇 通过案例分析强化心理韧性

指导 问题出在哪里

×陷入了"绝望悲观"型思维方式与"耐性缺乏"型思维方式

高杉： 好像你这次非常可惜,没能得到晋升。听到这个消息以后,你是怎么想的?

园部： 我有种被人从悬崖上推了下去的感觉。因为这几年,我一直都是朝着今年得到晋升的目标努力的……

高杉： 感觉你情绪相当低落啊。你好像要从公司辞职不干?

园部： 嗯。我不光无法获得晋升,还被竞争对手清水抢在了前面,我连工作下去的热情都没有了。

高杉： 那这样吧,让我们彼此对调一下立场来考虑这个问题。我现在是园部,情绪跌至了谷底,你准备对我说些什么呢?

园部： 好的。例如我会对你说："这次虽没得到晋升，但并非一切就此终结"……

高杉： 请继续说。我现在相当有挫败感。

园部： 比如说"世界末日不会因此到来，你还有机会"什么的……可是一点都没有说服力啊。

高杉： 或许你会有这种感觉。可是，"这并非世界末日，还有机会"是事实。关键在于无论你因为没能获得晋升而有什么样的感觉，从现实来说，都不是这个世界的终结。到了明天早上，太阳还会照常升起。

园部： 嗯，的确是这么回事。

高杉： 你的反应正是源于你有认为结果"过于沉重"的典型的"绝望悲观"型思维方式，以及认为"这样的打击我无法承受"的"耐性缺乏"型思维方式。这两种思维方式不仅都缺乏论据，而且凭经验来看，都是无法验证的单方面的确信而已。诚然，可能由于你没有获得晋升，会有很多不如意之处，但即便如此，应该也无法必然得出这是"过于沉重的打击"或"令人无法承受"的结论。这不过是你自己这么解释并下的结论，所以，那只是你自己的一种确信而已。

✗ 根源在于"我必须获得晋升"这一绝对要求

园部： 从道理上来说,我觉得您说得没错,可是,我就是无论如何都会有那种感觉。

高杉： 我明白。勉强压抑自己的情绪,并要求自己往积极之处想也是非常困难的。所以,恐怕非得从源头上切断才行。

园部： 从源头切断?您要说的意思是?

高杉： 园部先生你对晋升的感情好像非常强烈啊,并且,这种感情似乎是超越了"愿望"的绝对化要求。从你所说的"今年当然必须要获得晋升"这句话就可以看出,其根源就在于你有典型的错误思维方式——"必须"型思维方式。

园部： "必须"型思维方式?

高杉： 是的。这是一种对自己提出绝对要求的思维方式。如果不是因为它,你对自己没能得到晋升这件事应该也就不会有那么负面的反应。

园部： "我今年当然必须要获得晋升"的想法,为什么会导致我陷入巨大的低落情绪呢?

高杉： 道理很简单。只要提出"必须是""必须要"之类的绝对要求，那么一旦出现事与愿违或无法做到的局面，你就会认为情况十分悲惨。

园部： 真的如您所说吗？

高杉： 请你考虑一下，那可是"绝对不该发生的事情发生了"。这是一个巨大的矛盾，你说是不是？

园部： 嗯，确实是。

高杉： "绝对不该做的事情做了""不该发生的事情发生了"的话，这可是难以妥善解决的巨大悖论。

园部： 这样啊。原来导致我情绪低落的根源在于我对自己提出了绝对化要求。

×由于情绪低落，有了"提交辞呈"的念头

高杉： 由于"不该发生的难以承受的悲剧"变成了现实，所以园部先生你陷入了巨大的情绪低落之中。

园部： 您说得没错。

> **实践篇** 通过案例分析强化心理韧性

高杉： "情绪低落"通常会诱发巨大的丧失感。由于你认为失去了"绝对应该获得"的晋升，换句话说你失去了理想的、理应如此的自己，所以才会"情绪低落"，这是坏的负面情绪。

园部： 坏的负面情绪？

高杉： 没错。情绪低落是容易让人采取消极行动的"坏的"负面情绪。负面情绪也有好坏之分。

园部： 啊？负面情绪竟然也有好坏之分？

高杉： 在没能获得晋升的过度丧失感作用下你陷入了低落情绪，你甚至想到了递交辞呈。这是冲动的负面行动吧？

园部： 可能的确非常冲动。

高杉： 不仅如此，在你听说竞争对手清水获得晋升的消息以后，情绪更加低落，所以导致你无法对情况做出冷静的判断。因为你坚信"自己在这家公司工作没前途"，所以你无法看到"还有机会"这一正面因素。并且，从你听说清水获得晋升以后感到非常吃惊来看，园部先生你一直有一种"不能输给竞争对手"的"必须"型思维方式。

园部： 确实如此。那么我具体该怎么办呢？

193

指导该怎么办

√ 选择"悲伤"这一好的负面情绪

高杉： 首先，请你努力摒弃掉"情绪低落"，而是选择同为负面情绪却是"好的"负面情绪的"悲伤"。

园部： 您开什么玩笑，我又不是演员，怎么能够简单地对情绪进行选择呢？

高杉： 确实，改变情绪本身可能并不容易。不过，通过改变诱发情绪的思维方式，可以对情绪施加影响。

园部： 是吗？原来要从根源上改变。

高杉： 没错。首先，让我们确认一下作为选择对象的好的负面情绪。

园部： 您刚才说，对我而言，好的负面情绪是"悲伤"对吧？

实践篇 通过案例分析强化心理韧性

高杉： 是的。就算你想要把错过晋升这一事实往好的地方想也是很难做到的吧。更何况这毕竟不是什么令人高兴的事。重要的是,虽然也是负面情绪,但是不选择"情绪低落",而是选择好的负面情绪——"悲伤"。

园部： 摒弃"情绪低落",选择"悲伤"吗?

高杉： "情绪低落"是容易让人做出把自己"关在家里"等负面行动的坏的负面情绪。相比之下,"悲伤"则是容易让人采取"与人分享"等正面行动的好的负面情绪。

√通过相对愿望回避"难以承受的悲剧"的想法

园部： 我觉得自己好像理解了自己应该选择的情绪。请您教给我从根源上改变的方法。

高杉： 你因错过晋升机会而情绪十分低落,就在于你把这种情况看成了"难以承受的悲剧"。为什么你会有这种想法呢?是因为你有"今年我必须要获得晋升"这一绝对化要求。这是一种"必须"型思维方式。所以你需要将这种绝对化要求改成相对愿望。

园部： "相对……"您说什么?

高杉： 相对愿望。也就是说,你要这样想:"今年我最好可以获得晋升,那将是非常令人满意的结果。"不把晋升作为对自己的绝对化要求,而是将其作为强烈愿望来看待。并且,请你继续为获得晋升而努力。只是需要记住,最终只是将其作为愿望而已。

园部： 原来如此。不做要求,而是将其当作愿望啊……

高杉： 没有理由让你"必须"获得晋升。无论怎么深入思考,都只是获得晋升"非常理想"而已。认为"非获得晋升不可"的想法不过是一厢情愿而已。

园部： 就是说,我需要这样想,"今年如能晋升再好不过,那是非常令人满意的结果。可是没有理由让我一定能获得晋升",对吧?

高杉： 是的。没有理由让你今年非获得晋升不可。只不过是如能实现的话非常理想而已。事实上,并不是每个人都能获得晋升,所以也有得不到晋升的时候。那将令人悲伤,却只是预料到的可能发生的事情发生了而已,而不是发生了不该发生的事情。

园部： 确实如此。

实践篇 通过案例分析强化心理韧性

高杉： "今年我必须获得晋升，我原本就该获得晋升"的"必须"型思维方式持续下去的话，有什么好处吗？实际一点考虑，那也是没有好处的吧。那种思维方式非但不能让人更加努力，还容易让人最终放弃，并失去对工作的兴趣。

园部： 明白了。我会努力尝试让自己怀揣相对愿望去努力。

成功案例：认真接受坏消息

松崎： 抱歉，没能给你带来好消息。虽然我举荐了你，不过今年竞争实在太激烈……

园部： （虽然看上去很悲伤，但表现平静）是吗？说实话我很失望。

松崎： 你失望我也是可以理解的。最后晋升的是包括你的同事清水在内的一小部分人。

园部： 啊？清水获得晋升了吗？我也想，要是自己今年获得了晋升该多好。不过，并非所有的愿望都能实现。

松崎： 不过，你也别太失望了。因为下一次你获得晋升的可能性还是很高的。

园部： 顺便问您一句，我没能晋升的理由是什么呢？

松崎： 有人在会上指出，你在协调能力上有欠缺之处。虽然我不那么认为。

实践篇 通过案例分析强化心理韧性

园部： 谢谢您。我会仔细参考这种意见。(心想)竟然有人说我缺乏协调能力……不过,人家说的也不是完全没有道理。
虽然遗憾,不过世上之事原本就不可能百分之百顺心如意,这也是无可奈何的事情。我得休两三天假,去泡个温泉什么的,尽快打起精神来。

总结

园部先生并没有对错失晋升一事过度悲观，也没有反过来装成一副"无所谓"的样子。他在充分接受事实的基础上，认识到自己"很失望""非常悲伤"。他之所以能够做到不对现状过度悲观，也没有将其看成难以承受的悲剧，而是冷静地接受，都源于他有正确的思维方式。这种思维方式使他得以冷静地观察现状，没有选择逃避现实，而是积极地面对现状。

园部没有把晋升看成"必须的要求"，而是将其作为"强烈的愿望"加以认识，他想的是"如能获得晋升再好不过，可是并非所有愿望都能变成现实"。因为终究只是愿望，所以只是获得晋升很理想，而不是非获得晋升不可。所以，没能获得晋升的情况尽管不理想，但也没有变成令人难以忍受的悲剧。

园部在正确的思维方式作用下得以冷静观察情况，

他似乎已经拥有了认为"还有机会"的正面想法。他还得以采取积极的行动，例如认识到自己今后需在协调能力方面有所改进，并且"为恢复干劲而休假"等。可以说，不只是鞭策自己要更加努力，还想到要休养调整，堪称非常好的行动。

案例 4-2
创业失败

但凡职场人士，谁都梦想过创业。然而，并非所有公司都能兴旺发达。无论准备如何周到，公司倒闭这一令人忧虑的情形在现实中都并不少见。对于职场人士来说，其震惊程度完全不亚于突然被公司解雇。即使无法完全消除这种精神上的打击，但通过保持正确的思维方式，应该可以使其得到缓解。

小林（38岁，女性）在一家综合商社工作长达10年，凭借自己在服装产业领域多年的经验，她与商业伙伴黑部一起创办了自己的公司。可是，两年半时间里，尽管他们做出了不懈努力，但十分可惜，事业未能起飞。由于有两次未能兑现支票，公司与银行的业务被迫中止。而且公司的资产还全部被罚没了。

实践篇 通过案例分析强化心理韧性

失败案例

陷入"如果当时"综合征

公司资产全被搬走以后,在什么都没有留下的空荡荡的办公室里,小林与黑部正在交谈,神情黯然。

黑部: （情绪极度低落）我们究竟在什么地方犯了错误?

小林: （以强硬的语气）失败的原因非常清楚。廉价公司在咱们公司旁边盖起那么巨大的打折店以前,我们的事业计划可是非常完美的!如果他们把店铺开在别的什么地方,我们现在肯定已经赚得盆满钵满了。还有,要是银行能把债权抵押处分再稍微延后那么一点儿,公司明明也是可以盘活的。

黑部: 是啊,如果……的话。

小林: 我彻底完了。如今身无分文,年龄也老大不小了,没有一件事情顺利,我真是太没用了。唉,我今后可怎么办啊。

黑部: 我在考虑要不要回乡下结婚算了。我已经没有在城里干下去的心气了。

小林： 你比我强多了，不仅年轻，还有家可归。我根本没有可以回去的地方，你猜我父母会说什么？他们肯定觉得我很没出息。还有，朋友们也……我是不是该搬到一个没人认识我的地方去呢？

黑部： 我记得你父母曾经希望把你培养成老师来着。

小林： 是啊。要是我当初听了他们的话，也就不会沦落到今天这步田地了。悔之晚矣啊。

梦寐以求的创业，努力奋斗但无回报，非常遗憾公司倒闭了，小林陷入了深度情绪低落。让我们顺着小林的想法去思考改进的方法。

实践篇 通过案例分析强化心理韧性

指导 问题出在哪里

×陷入了"如果当初"型思维方式

高杉： 小林，好像你的创业进展不太顺利啊。现在你的心情怎么样？

小林： 说实话，我情绪非常低落。根本没有想做点什么的力气。

高杉： 因为那是对你来说有重要意义的创业，所以你感到非常悲伤也是很正常的。

小林： 就差那么一点儿。如果廉价公司把店铺开在别处，原本应该万事大吉的。银行如果能够再配合一些，公司也就撑下来了。我无时无刻不在脑海里思考这些问题。

205

高杉： 小林，看样子你患上了"如果当初"综合征啊。

小林： 您说"如果当初"综合征？

高杉： 是的。因为你会想"如果当时那样的话，就不会出现现在这样的悲惨局面了……"失去的东西越多，陷入"如果当初"型思维方式的概率也就越高。可以说，这是一种十分常见的思维方式。

小林： 可是，那也是没办法的事情啊。

高杉： 或许的确如你所说。事实上，回顾过去的情况和自己的判断，有时是有帮助的。不过，日夜悔恨过去并沉湎于过去都是于事无补的。

小林： 这个道理我明白。可是无论如何还是会去想"如果当初"如何如何，就算在床上我也根本睡不着觉。

高杉： 其实，"如果当初"型思维方式可以说是源于人希望从现在这种"难以承受的悲剧"局面逃避的思维方式。

小林： 如果可以的话，我真的好想逃避。我根本无法想象自己竟然会创业失败，我无法原谅自己。

×选择了"情绪低落"与"贴标签"行为

高杉： 小林，你好像把现状看成是"不该发生的悲剧"和"绝对难以想象的失败"了啊。

小林： 是的。

高杉： 你是怎么看待有这种想法的自己的？

小林： 我觉得自己既悲惨又可怜。

高杉： 人越是把情况看得很糟，就越会觉得置身于其中的自己很悲惨。由于你把公司倒闭看作悲惨而难以承受的最糟糕的情况，所以当然会觉得身处如此困境的自己是"人生彻底完了的可怜人"。可是，这终归只是一种解释，也就是思维方式的问题，应该还有不同的解释。换言之，不幸的是小林你自己选择"情绪低落"这一坏的负面情绪，并且给自己贴上了"人生彻底完了的可怜人"的标签。

小林： 怎么是自己选择的呢？那不可能。从现状来看，我这么想不是很正常的事情吗？

高杉： 从情况来看的话，是容易认为你有那样的心情，采取那样的行动理所当然。可是，如果有100个人被放在同样的情况之下，是否反应都一样呢？答案是"不"。我之所以这样说，是因为在被诱发产生的情绪与行动的源头有人们各自的"思维"参与其中。因为"思维"的内容不同，所以诱发产生的情绪与行为也就有所不同。思维也可以改称为"解释"，思考与解释毫无疑问是个人的东西。所以，可以说情绪与行动都是当事人"选择"的。不过，由于人会自然地去那么思考，所以当事人不能清楚意识到也是事实。

小林： 您是说情绪与行为是自己在无意识情况下选择的吗？

×找错了指责对象，想到了逃避行为

高杉： 再说，你越是把公司倒闭这一局面看得糟糕，就越会想找出造成这一令人难以承受的悲剧的始作俑者与原因。小林，你认为自己的目标没能实现，都是竞争对手公司和银行阻挠的结果，然后你就对它们抱有巨大的"愤怒"情绪。

小林： 是的。

高杉： 这是一种典型的"指责/自卑"型思维方式。

小林： 可是，事实上它们的确阻碍了我的创业。

高杉： 它们阻碍了你，从结果来说也许是事实。可是，没有理由让它们绝对不可以阻碍你。当然，如果你可以不受阻碍是再好不过的了。小林你还想到了要搬到没有熟人的地方去。这是由于你有了"父母和朋友肯定会以失败者的眼光看待自己"的"绝望悲观"型思维方式。

小林： 是的。我现在就想从这里逃走。

高杉： 可是，遗憾的是，这根本无益于问题的解决。问题的本质在于你自己的思维方式。就算你去了很远的地方，你也逃避不了自己的思维方式。非但解决不了问题，反倒会让选择逃避的自己进一步产生"情绪低落"和"愤怒"的情绪。

小林： 那么，您说我该怎么办呢？

指导 该怎么办

√ 对公司倒闭这一事实进行客观评价

高杉： 让我们思考一下该如何去改进。首先，希望你可以对当前局面做出客观的评价。

小林： 您让我进行客观的评价？

高杉： 是的。虽然很遗憾，不过你目前已经陷入"绝望悲观""指责/自卑"等错误的思维方式。我不会让你把公司倒闭这一事实说成是"老天对你的考验，你该高兴才对"。只是，希望你能停止过度悲观，请你首先客观地看待现状。

小林： 客观地看待……

高杉： 是的。当然了，公司倒闭的局面人人都想回避，这是事实。可是你冷静考虑一下会发现，那也只是可以从头再来的"巨大的不利局面"而已。

> **实践篇** 通过案例分析强化心理韧性

小林： 您说这是可以从头再来的"巨大的不利局面"？

高杉： 是的。无论你现在有什么感受，置身于何种处境之中，世界都不会就此终结，太阳还是会升起。

小林： 我要是能那么想就好了……

高杉： 不管你是不是这么想，这都是事实。即便你的创业进展不顺，这个世界还是会继续下去。

小林： 可是，我的世界已经结束了。

高杉： 世界只有一个，可没你说的那么多。如果再说一遍的话，廉价公司和银行恐怕也不是心怀恶意故意妨碍你事业发展的。在作为私营企业追求经济利益的过程中，它们也只是做了它们该做的事情而已。

小林： 我能够理解，可是怎么样才能把情况冷静地看成"可以从头再来的巨大的不利局面"呢？无论怎么努力，我都会觉得现状是"难以承受的悲剧"。

高杉： 可是，你所感觉到的和真正的事实还是有区别的吧。

✓ 以相对愿望缓解心理冲击

高杉： 要做到客观地接受现状，首先要停止对自己提绝对要求，代之以相对愿望。要说究竟为什么你会觉得现状是"难以承受的悲剧"，那是因为对你而言，这是"绝对不该发生的事情"。你对自己提出了"创业不能失败"的绝对要求，对吧？

小林： 是的。创业是不能失败的。

高杉： 你要求"创业不能失败"，可一旦失败了会怎样呢？那岂不是等于"发生了不该发生的事情"吗？

小林： 的确是这样。

高杉： 这可是巨大的精神压力啊。因为这是不管你怎么考虑都无法妥善解决的矛盾。"不该发生的"作为现实"发生了"，这就是"必须"型思维方式的悖论。

小林： 您是说，由于我认为"不该发生的事情却发生了"，所以把情况看得非常糟糕吗？

高杉： 没错。所以，要消除这种悖论，你只需要让自己拥有"愿望"型思维方式。具体来说，你可以强烈地去想"创业顺利非常理想""创业最好可以不失败"。这样一来,你就可以在不否定自己理想与志向的前提下,只丢掉绝对要求这一部分。

√通过选择"悲伤",采取正面行动

小林: 只要拥有了相对愿望,就能够从这种痛苦中解放出来吗?

高杉: **任何事情都无法保证百分之百成功。不过我认为,成功的概率是相当高的。**

小林: 明白了,我试试。

高杉: **你只需大声对自己说"创业一帆风顺是最理想的",并且明确地否定绝对要求,告诉自己"创业必须一帆风顺的理由是不存在的"就可以。实际上,归根到底,创业成功只是比较令人向往而已。"必须要一帆风顺"只是一厢情愿,存在巨大的逻辑跳跃。**

小林: "必须如何"的想法只是一厢情愿吗?

高杉： 如果认为"创业一帆风顺是最理想的",那么公司倒闭尽管令人十分痛苦,也不会变成"难以承受的悲剧",不会是"这个世界的终结"。因为并不是发生了不该发生的事情。虽然不令人满意,但也只是发生了可能发生的事情而已。这里不存在无法妥善解决的悖论。

小林： 原来如此。只要能够规避"悖论",那么就可以冷静地将现状评价为"隐含着重新再来可能性的巨大的不如意"了。

高杉： 是的。在感情层面,你也将容易选择更为健康的"悲伤"这一负面情绪,而不是选择"情绪低落"。

小林： 要去对悲伤进行"选择"吗?关于选择情绪,我连想都没想过。

高杉： 我绝不是说很容易做到。通过管理思维方式去对情绪施加影响,正是高杉派心理韧性理论的本质。只要能够摒弃"情绪低落",代之以选择"悲伤",就不用非得给自己贴标签了。还有,你也就不用考虑逃到陌生的地方去了。可以说,"悲伤"是容易让人采取与人分享这一积极行动的好的负面情绪。

实践篇 通过案例分析强化心理韧性

小林： 我要选取扎根于相对愿望的正确的思维方式，选择好的负面情绪，然后促使自己选择好的行动，对吧？我会尝试去做的。

高杉： 你一定要试一试。祝你好运！

成功案例：车到山前必有路

黑部： （情绪极度低落地）我们究竟在什么地方犯了错误？

小林： （悲伤地）最终还是倒闭了啊。创业不顺利实在让人遗憾。公司的资金筹措战略太幼稚了，原来咱们没有能够支撑公司起飞阶段的筹资能力啊。虽然我们的市场营销战略很棒……

黑部： （失望）我想回老家，然后在那里安安稳稳地过日子。我已经没有在城市里生活下去的力量了。

小林： 财务上明明有收益的，可是却现金不足……为什么会这样？原来与赊销贷款、库存，还有应付账款有关系。看来我还得好好学习会计与财务知识。

黑部： 我想还是因为咱们对数字不敏感。不过，顾客真的对咱们公司非常满意，咱们的产品真的很棒。

小林： 嗯，的确如此。下一次我们似乎应该寻找有雄厚资本的战略伙伴。现在或许是该去休假的时候。要不我们去乡下泡温泉怎么样？

实践篇 通过案例分析强化心理韧性

黑部： 这个主意太棒了！现在的你我正需要放松一下。正好可以考虑一下下一步该怎么办。

小林： 车到山前必有路！

总结

创业失败对于小林来说是巨大的伤心事。她似乎通过把公司倒闭看成"尽管不如意,却是可能发生的事情",接受了这一现实。其结果是,虽然感到非常"悲伤",但她规避掉了"愤怒"与"情绪低落"。并且,还得以冷静地分析出失败的原因在于公司的资金基础薄弱。

另外,小林也没有胡乱地指责竞争对手公司和银行,或是给自己贴上负面的标签。因为她没有把自己公司的倒闭看成难以承受的令人忧虑的悲惨之事,所以她也没有必要指责他人,贬低自己。而是就公司倒闭的理由自问自答:"尽管在财务上有利润,也就是在损益报表上是赚钱的,可现金怎么会不够了呢?"作为一个经营者,她做到了审视自身不足这一点。

另外,由于没有"必须"型思维方式造成的多余的重压与力气的消耗,所以小林的干劲没有燃烧殆尽。她很好地保持着将事业坚持到底的"再挑战一次"的力量。还有,她没有忘记要充分休养身心。可以说,这也是非常积极的行动。相信下一次创业之时,她将有更大的胜算取得成功。

专栏 企业的视点

组织正在越发强化"必须"型思维方式

我在协助各种企业强化员工心理韧性的过程中，经常有人咨询我："公司逼着员工'必须'如何如何，作为个人该怎么办呢？"尤其是在持续繁荣的经济宣告结束的当下，作为组织来说，对实现目标提出绝对要求的程度也在增加。当时我建议他们做如下解释："就算组织逼着我'必须'如何如何，可不管用的是什么说法，从现实来说，都只是强烈的愿望而已。"因为事实上，也只能是这个样子……恐怕企业还是会继续强加给员工"必须实现目标""决不允许失败"等绝对要求。

那是因为只知道这种动机激励方式……

为什么组织提出绝对要求的倾向很强呢？作为一种假说，我们可以想到这样一个理由，那就是公司高层是靠着"必须如何如何"的想法努力过来的。因为可以想象得到，经营管理层很多人都是靠着鞭策自己"世上无难事，只怕有心人"一路奋斗过来的。其中也许会有"我就是这么成功的，所以你们也应该这么做""努力一定有回报"的想法。可是，用"必须做到""不允许失败"来威逼自己，也就是负面动机能否成为高效动机是不确定的。另外，是否努力了就一定能成功也是不确定的。说不定这些成功人士只是赶上了经济持续向好的良好经济形势而已。不过，话说回来，我丝毫没有说"努力无用"的打算。为了提高成功的概率，努力十分重要。只是，我想说的是，由"必须"佐证的努力，效果不一定好。很遗憾，似乎很多组织都只知道这样一种激励动机的方式。

"必须"型思维方式带来的动机有带来负面效果的危险

最近经常听人说起"高效员工急速垮掉"的故事。长时间用"必须"型思维方式对自己施压，最后搞坏身体，心身耗竭的例子可能还在不断增加。"必须"型思维方式造成的压力虽然是负面的，但也许确实能在一定程度上提升努力的动机。可是，如果由于施加的压力过大而将高效员工压垮，那就是大问题了。即便情况没那么严重，在努力了也未必得到回报的时代，通过煽动员工对失败感到恐惧来激励其工作，也不得不说是一种落伍的手段。

以"愿望"型思维方式努力也对组织有好处

这是一个努力了也有很高概率失败的不确定的时代，符合这个时代的动机激励方式是"愿望"型思维方式。作为企业，重要的是在难以出成果的环境下，通过强化员工的心理韧性，使大家能够顽强地努力尝试下去。这是在最近的经营环境之下取得成功的关键。如果每当失败的时候员工情绪都会十分低落，高绩效员工都会心身耗竭的话，那企业将血本无归。员工不因失败而萎靡不振，而是坚持努力为公司提高获胜概率，这才应该是令人满意的结果。此外，尽管终归只是附带的好处，我坚信心理韧性强化技能也将为令人担忧的抑郁症的预防做出贡献。

植根于"愿望"型思维方式的心理韧性强化技能将成为组织的强大力量。

上司也应该学习新的动机激励方式

所以，今后重要的是管理层人士自身也实践"愿望"型思维方式，同时也要给予部下植根于相对愿望的积极动机，这才堪称新的指导策略。说起日本的指导，我们更多看到的是深受罗杰斯派心理咨询影响，通过积极的倾听，从部下那里引出答案的形式。心理韧性的指导则是采取更加积极且更富说明性的指导方式，在强调实现目标多么令人向往的同时，也如实传达无法实现的坏处。另外，不把失败看作"不该发生的难以忍受的悲剧"，而是告诉人们那是"可以允许的风险"。只要失败的结果是可以容忍的风险，那么员工就应该能够果敢且顽强地一直挑战下去。不管高层领导如何发号施令说"不要畏惧失败"，只要失败是无法得到原谅的"不能发生的悲剧"，就会变成畏惧的对象，所以员工才会害怕失败，这是再自然不过的事情了。

可以说，强化心理韧性不仅是每个人的问题，对经营者一方来说也是最重要的课题之一。衷心期望能有更多的经营者早日意识到这一点。

后记

　　1990年，我曾作为唯一的日本咨询师在经营咨询公司麦肯锡的纽约事务所工作。说起1990年，与正处在泡沫经济顶峰的日本经济形成鲜明对比，当时美国经济正在巨大的旋涡中挣扎。我隶属于金融机构咨询小组，作为代表美国的商业银行业务改善项目组成员，通过那个臭名昭著的红眼航班往来于旧金山与纽约之间。（红眼航班是指晚上10点以后从旧金山出发，第二天早上7点左右到达纽约的夜间航班。在飞机里无法熟睡的乘客第二天早上抵达机场的时候眼睛是红的，所以俗称红眼航班。乘坐该航班能够避免浪费一天时间，可以从一大早就开始在纽约工作。）

　　说起工作内容，这是一个包括裁员在内的业务简化项目。项目顺利结束，客户也很高兴。只要客户高兴，咨询公司就高兴。我甚至从时任麦肯锡公司老板的弗莱德·格拉克先生那里收到了庆祝项目成功的亲笔感谢信。项目执行的结果是，客户公司对相当多的人进行了裁员。因为这是为了让公司存活下去，虽说没有办法，但是作为当事人，我自己的心情也好不到哪儿去。可能是项目结束后两三个月的时候，我进入了下一个咨询项目。一天午后刚过，我走在曼哈顿大街上，忽然有人向我打招呼，原来是此前裁员项目客户方的一位团队成员。聊着聊着，他说道："由于那个项目，我也失业了。"原来就连曾经身为客户方团队成员的他也被公司炒了鱿鱼。

我一下子不知该如何回答是好，脑海里只浮现出一句安慰别人的惯用说法："唉，这真遗憾。"作为裁员项目担当人员，我不能谴责客户，也不可能说我们咨询公司做得不对。事实上，任何一方都没有错。也许我的话"绝对不应该采取这么不合情理的做法"很像是在挖苦人，可是，他虽然对我的话回应道"是的，我也这么认为"，但是对裁掉他的银行和咨询公司丝毫没有怨恨与愤怒情绪。因为他已经在欧洲的一家金融机构上班了。站着聊了一会儿，我就与他握手道别了。我当时就想，如果一般的日本公司职员遇到这种情况会做出什么样的反应呢？我感觉自己窥见到了纽约人心理韧性的强大。

后 记

以前，在与某大型外资企业一位负责人事的美国籍高层人士谈话时，我们曾经围绕日本经理人的弱点进行过辩论。交谈后，我们对日本的职场人士不擅长财务、逻辑思考、演示和压力应对达成了共识。有一天我忽然发现，这恰恰就是高杉事务所提供的研修菜单。今后我也打算尽绵薄之力，为了让在职场工作的人可以在不确定的21世纪不断取得成功，我打算今后帮助大家学习和掌握希望大家掌握的技能。如果本书能够为大家的压力管理发挥一点作用，我将深感荣幸。